Y a-t-il un grand architecte dans l'Univers ?

STEPHEN HAWKING
et Leonard Mlodinow

Y a-t-il un grand architecte dans l'Univers ?

Traduit de l'anglais par Marcel Filoche

Odile Jacob

Titre original :
The Great Design

15 rue Soufflot, 75005 Paris

www.odilejacob.fr

ISBN 978-2-7381-2313-8

1

LE MYSTÈRE DE L'EXISTENCE

Nous ne vivons chacun que pendant un bref laps de temps au cours duquel nous ne visitons qu'une infime partie de l'Univers. Mais la curiosité, qui est le propre de l'homme, nous pousse à sans cesse nous interroger, en quête permanente de réponses. Prisonniers de ce vaste monde tour à tour accueillant ou cruel, les hommes se sont toujours tournés vers les cieux pour poser quantité de questions : comment comprendre le monde dans lequel nous vivons ? Comment se comporte l'Univers ? Quelle est la nature de la réalité ? D'où venons-nous ? L'Univers a-t-il eu besoin d'un créateur ? Même si ces questions ne nous taraudent pas en permanence, elles viennent hanter chacun d'entre nous à un moment ou un autre.

Ces questions sont traditionnellement du ressort de la philosophie. Mais la philosophie est morte, faute d'avoir réussi à suivre les développements de la science moderne, en particulier de la physique. Ce sont les scientifiques qui ont repris le flambeau dans notre quête du savoir. Cet ouvrage a pour but de présenter les réponses que nous suggèrent leurs découvertes récentes et leurs avancées

«... Et *ça*, c'est ma philosophie. »

théoriques. L'image qu'elles nous dessinent de l'Univers et de notre place dans ce dernier a radicalement changé ces dix ou vingt dernières années, même si ses premières esquisses remontent à près d'un siècle.

Dans la conception classique de l'Univers, les objets se déplacent selon une évolution et des trajectoires bien définies si bien que l'on peut, à chaque instant, spécifier avec précision leur position. Même si cette conception suffit pour nos besoins courants, on a découvert, dans les années 1920, que cette image « classique » ne permettait pas de rendre compte des comportements en apparence étranges qu'on pouvait observer à l'échelle atomique ou subatomique. Il était donc nécessaire d'adopter un cadre nouveau : la physique quantique. Les prédictions des théories quantiques se sont révélées remarquablement exactes à ces échelles, tout en permettant de retrouver les anciennes théories classiques à l'échelle du monde macroscopique usuel. Pourtant, les physiques quantique et classique reposent sur des conceptions radicalement différentes de la réalité physique.

On peut formuler les théories quantiques de bien des façons, mais celui qui en a donné la description la plus intuitive est sans doute Richard (Dick) Feynman, personnage haut en couleur qui travaillait au California Institute of Technology le jour et jouait du bongo dans une boîte à strip-tease la nuit. D'après lui, un système n'a pas une histoire unique, mais toutes les histoires possibles. Pour tenter de répondre aux questions formulées plus haut, nous expliciterons l'approche de Feynman et nous l'utiliserons afin d'explorer l'idée selon laquelle l'Univers lui-même n'a pas une seule et unique histoire ni même une existence indépendante. Elle peut sembler radicale même pour nombre de physiciens et, de fait, elle va, comme beaucoup de notions courantes aujourd'hui en science, à l'encontre du sens commun. Mais ce sens commun se fonde sur notre expérience quotidienne et non sur l'image de l'Univers que révèlent des merveilles technologiques comme celles qui nous permettent de sonder l'atome ou de remonter jusqu'à l'Univers primordial.

Jusqu'à l'avènement de la physique moderne, on pensait généralement que l'observation directe permettait d'accéder à la connaissance intégrale du monde et que les choses étaient telles qu'on les voyait, telles que nos sens nous les montraient. Mais les succès spectaculaires de la physique moderne, fondée sur des concepts qui, à l'instar de ceux développés par Feynman, heurtent notre expérience quotidienne, nous ont montré que tel n'était pas le cas. Notre vision naïve de la réalité est donc incompatible avec la physique moderne. Pour dépasser ces paradoxes, nous allons adopter une approche qui porte le nom de « réalisme modèle-dépendant ». Elle repose sur l'idée que notre cerveau interprète les signaux reçus par nos organes sensoriels en formant un modèle du monde qui nous entoure. Lorsque ce modèle permet d'expliquer les événements, nous avons alors tendance à lui attribuer, à lui et aux éléments ou concepts qui le composent, le statut de réalité ou de vérité absolue. Pourtant, il existe de nombreuses façons de modéliser une même situation physique, chaque modèle faisant appel à ses propres éléments ou concepts fondamentaux. Si deux théories ou modèles physiques prédisent avec précision les mêmes événements, il est impossible de déterminer lequel des deux est plus réel que l'autre ; on est alors libre d'utiliser celui qui convient le mieux.

L'histoire des sciences nous propose une suite de modèles ou de théories de qualité croissante, depuis Platon jusqu'aux théories quantiques modernes en passant par la théorie classique de Newton. Il est donc tout à fait naturel de se demander si cette série débouchera en fin de compte sur une théorie ultime de l'Univers qui inclurait toutes les forces et prédirait toute observation envisageable, ou bien si l'on va continuer à découvrir sans cesse de meilleures théories, toutes perfectibles. Bien qu'on ne puisse apporter de réponse définitive à cette question, on dispose aujourd'hui d'une prétendante au titre de théorie ultime du Tout, si elle existe, baptisée « M-théorie ». La M-théorie est le seul modèle à posséder toutes les propriétés requises pour être une théorie ultime et c'est sur elle que reposera l'essentiel de notre réflexion.

La M-théorie n'est pas une théorie au sens courant du terme. C'est une famille entière de théories différentes permettant chacune de rendre compte d'observations relevées dans une gamme de situations physiques particulières, un peu à la manière d'un atlas. Il est bien connu qu'on ne peut représenter l'intégralité de la surface terrestre sur une seule carte. Ainsi, dans la projection classique de Mercator utilisée pour les cartes du monde, les zones situées très au nord ou très au sud apparaissent beaucoup plus étendues, sans pour autant que les pôles y figurent. Pour cartographier fidèlement la Terre tout entière, il faut tout un ensemble de cartes, chacune couvrant une région limitée. Dans les zones où ces cartes se recouvrent, elles décrivent le même paysage. Il en va de même de la M-théorie. Les différentes théories qui la composent paraissent toutes très différentes, mais on peut toutes les considérer comme des aspects de la même théorie sous-jacente, comme des versions applicables uniquement dans des conditions restreintes, par exemple lorsque des quantités telles que l'énergie sont petites. Et dans leurs zones de recouvrement, comme les cartes de la projection de Mercator, elles prédisent les mêmes phénomènes. Pourtant, de même qu'il n'existe aucune carte plane capable de représenter l'intégralité de la surface terrestre, il n'existe aucune représentation qui permette de rendre compte des observations physiques dans toutes les situations.

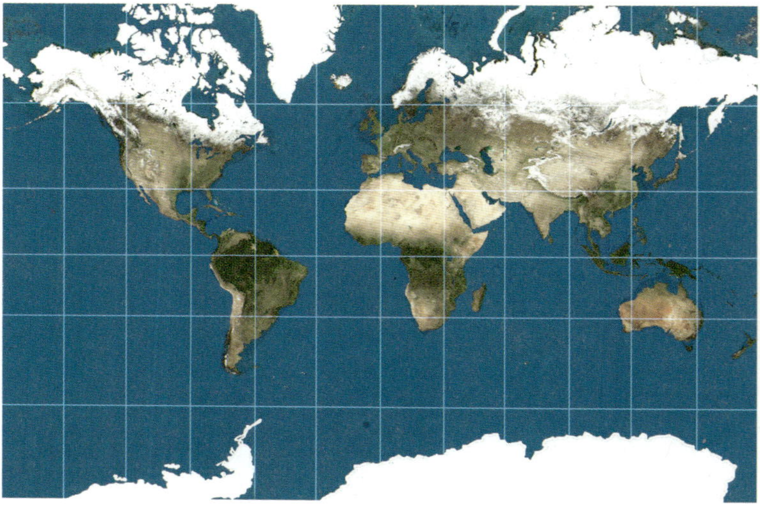

Carte du monde Il se peut que plusieurs théories qui se recouvrent soient nécessaires à la représentation de l'Univers tout comme il faut plusieurs cartes qui se recouvrent pour représenter la Terre.

Nous décrirons également comment la M-théorie peut apporter des réponses à la question de la Création. Pour elle, non seulement notre Univers n'est pas unique, mais de nombreux autres ont été créés à partir du néant, sans que leur création ne requière l'intervention d'un être surnaturel ou divin. Ces univers multiples dérivent de façon naturelle des lois de la physique. Ils représentent une prédiction scientifique. Chaque univers a de nombreuses histoires possibles et peut occuper un grand nombre d'états différents longtemps après sa création, même aujourd'hui. Cependant, la majorité de ces états ne ressemblent en rien à l'Univers que nous connaissons et ne peuvent contenir de forme de vie. Seule une poignée d'entre eux permettraient à des créatures semblables à nous d'exister. Ainsi, notre simple présence sélectionne dans tout l'éventail de ces univers seulement ceux qui sont compatibles avec notre existence. Malgré notre taille ridicule et notre insignifiance à l'échelle du cosmos, voilà qui fait de nous en quelque sorte les seigneurs de la création.

Pour accéder à une compréhension en profondeur de l'Univers, il nous faut non seulement connaître *comment* les univers se comportent, mais encore *pourquoi*.

Pourquoi y a-t-il quelque chose plutôt que rien ?
Pourquoi existons-nous ?
Pourquoi ces lois particulières et pas d'autres ?

C'est là la Question Ultime de la Vie, de l'Univers et de Tout, à laquelle nous essaierons de répondre dans cet ouvrage. À l'inverse de la réponse apportée dans le *Guide du voyageur galactique* de Douglas Adams, la nôtre ne sera pas simplement : « 42. »

2

LE RÈGNE DE LA LOI

« Skoll s'appelle le loup
Qui traquera la Lune
Jusqu'à l'abri des forêts ;
Et l'autre est Hati, aussi fils de Hridvitnir,
qui pourchassera le Soleil. »

« GRÍMNISMÁL », *Ancienne Edda*

Dans la mythologie viking, les loups Skoll et Hati pourchassent le Soleil et la Lune. Chaque fois qu'ils attrapent l'un des deux astres, une éclipse se produit. Les habitants de la Terre se précipitent alors au secours du Soleil ou de la Lune en faisant autant de bruit que possible dans l'espoir d'effrayer les loups. D'autres cultures ont donné naissance à des mythes analogues. Pourtant, au bout d'un certain temps, on a remarqué que le Soleil et la Lune réapparaissaient après l'éclipse, qu'on ait ou non crié ou tapé sur des objets. On a également noté que les éclipses ne se produisaient pas de façon aléatoire, mais selon des schémas réguliers et répétitifs. Dans le cas des éclipses lunaires, ces schémas étaient suffisamment clairs pour que les Babyloniens puissent les prédire avec précision même sans comprendre que c'était la Terre qui bloquait la lumière du Soleil. Les éclipses solaires, visibles sur Terre uniquement dans un couloir de 50 kilomètres de large, étaient quant à elles plus difficiles à prévoir. Pourtant, une fois leurs schémas déchiffrés, il apparut clairement que les éclipses ne dépendaient pas des caprices d'êtres surnaturels, mais qu'elles étaient régies par des lois.

Malgré ces premiers succès dans la prédiction du mouvement des corps célestes, la plupart des phénomènes naturels paraissaient imprévisibles aux yeux de nos ancêtres. Les éruptions volcaniques, les tremblements de terre, les tempêtes, les épidémies tout comme les ongles incarnés leur semblaient dénués de toute cause ou régularité claire. Aux temps anciens, il semblait normal d'attribuer ces soubresauts de la nature à des divinités malicieuses ou maléfiques et les calamités étaient souvent le signe d'une offense faite aux dieux. Ainsi, vers 5600 av. J.-C., le volcan du mont Mazama dans l'Oregon entra en éruption, déversant sur la région une pluie de lave et de cendres brûlantes pendant plusieurs années et entraînant les pluies incessantes qui allaient finir par former le lac aujourd'hui appelé Crater Lake. Or il existe une légende chez les Indiens Klamath qui rapporte fidèlement tous les détails géologiques de cet événement, mais qui lui ajoute une touche dramatique en faisant d'un homme la cause de cette catastrophe. La propension au sentiment de culpabilité est telle chez l'homme que, quoi qu'il arrive, il trouve toujours une façon de faire

Éclipse Les anciens ne savaient pas ce qui causait les éclipses, mais ils avaient remarqué la régularité de leurs apparitions.

retomber la faute sur lui-même. Selon la légende, donc, Llao, qui régnait sur le Monde d'en bas, fut subjugué par la beauté de la fille du chef Klamath et en tomba amoureux. Celle-ci l'ayant repoussé, pour se venger, il tenta de détruire les Klamath par le feu. Heureusement, toujours selon la légende, Skell, qui régnait sur le Monde d'en haut, prit les humains en pitié et s'opposa à son homologue souterrain. Llao, blessé, retourna sous terre dans le mont Mazama, laissant derrière lui un trou béant, ce cratère qui allait plus tard former un lac.

Ignorants des voies de la nature, les peuples des temps anciens ont ainsi inventé des dieux pour régir tous les aspects de leur existence. Des dieux de l'amour et de la guerre, des dieux du Soleil, de la Terre et du Ciel, des dieux des océans et des fleuves, de la pluie et des tempêtes, et même des tremblements de terre et des volcans. Quand ils étaient satisfaits, ils accordaient aux hommes une météo clémente ou une existence paisible et leur épargnaient catastrophes naturelles et maladies. Dans le cas contraire, le courroux divin se traduisait par autant de sécheresses, de guerres ou d'épidémies. Sans possibilité de saisir le lien naturel entre cause et effet, l'humanité était à la merci de ces dieux apparemment impénétrables. Tout a commencé à changer il y a environ 2 600 ans, avec Thalès de Milet (vers 624-546 av. J.-C.). L'idée est alors apparue que la nature obéissait à des principes que l'on pouvait déchiffrer. C'est ainsi qu'a débuté le long cheminement qui allait voir les dieux et leur règne progressivement supplantés par un univers gouverné par des lois, un univers dont la création suivait un schéma que l'on pourrait un jour comprendre.

À l'échelle de l'histoire humaine, la recherche scientifique est une découverte très récente. Notre espèce, *Homo sapiens*, est apparue en Afrique subsaharienne, vers 200 000 av. J.-C. L'écriture ne date que de 7000 av. J.-C. environ. On la doit aux sociétés agricoles cultivant les céréales. (Certaines des plus anciennes inscriptions décrivent ainsi la ration quotidienne de bière que pouvait recevoir chaque citoyen.) Les premiers écrits de la Grèce antique remontent au IXe siècle av. J.-C., mais cette civilisation n'a atteint son apogée, durant la période dite « classique », que plusieurs siècles plus tard, un peu avant 500 av. J.-C. Selon Aristote (384-322 av. J.-C.), c'est vers cette époque que Thalès a pour la première fois développé l'idée que le monde était compréhensible et que les événements complexes survenant autour de nous pouvaient se réduire à des principes plus simples et s'expliquer sans qu'on doive recourir à la mythologie ou à la théologie.

Bien que sa précision fût sans doute due à la chance, on attribue à Thalès la première prédiction d'une éclipse solaire en 585 av. J.-C. Faute d'avoir laissé une trace écrite, Thalès demeure dans l'histoire comme un personnage aux contours flous, dont la demeure était l'un des centres intellectuels de l'Ionie. Celle-ci, colonisée par les Grecs, a exercé une influence de la Turquie à l'Italie. La science ionienne, caractérisée par un désir puissant de mettre au jour les lois fondamentales sous-tendant les phénomènes naturels, a représenté une étape majeure dans l'histoire des idées. Son approche rationnelle donnait des résultats étonnamment analogues aux conclusions issues de nos méthodes actuelles, qui sont pourtant bien plus sophistiquées. C'est vraiment là que tout a commencé. Cependant, à travers les siècles, une grande partie de la science ionienne allait être perdue pour être ensuite redécouverte ou réinventée, parfois même plusieurs fois.

Selon la légende, la première formulation mathématique de ce que l'on pourrait appeler une loi de la nature remonte à un Ionien nommé Pythagore (vers 580-490 av. J.-C.), célèbre aujourd'hui pour le théorème qui porte son nom : le carré de l'hypoténuse d'un triangle rectangle (le côté le plus long) est égal à la somme des carrés des deux autres côtés. Pythagore aurait également découvert les relations entre la longueur des cordes des instruments de musique et les accords

Ionie Les savants de l'Ionie antique furent presque les seuls à expliquer les phénomènes naturels au travers de lois de la nature plutôt que par des mythes ou la théologie.

harmoniques des sons produits. Aujourd'hui, on dirait que la fréquence – le nombre de vibrations par seconde – d'une corde vibrante à tension donnée est inversement proportionnelle à sa longueur. Cela explique en pratique pourquoi les cordes des guitares basses sont plus longues que celles des guitares normales. Pythagore n'a sans doute pas découvert cette relation – pas plus qu'il n'a trouvé le théorème qui porte son nom –, mais on sait que la relation entre longueur de corde et tonalité était connue à l'époque. Si c'est vrai, on est là en présence de la première expression de ce qu'on nomme aujourd'hui la physique théorique.

Hormis la loi pythagoricienne des cordes, les seules lois physiques connues dans l'Antiquité étaient les trois lois que détaille Archimède (287-212 av. J.-C.), qui fut de loin le plus grand des physiciens de cette époque : la loi du levier, la poussée d'Archimède et la loi de la réflexion. Dans la terminologie moderne, la loi du levier dit que de petites forces peuvent soulever de grands poids car le levier amplifie la force proportionnellement au rapport des distances au point d'appui. Selon la poussée d'Archimède, tout corps plongé dans un fluide reçoit une poussée verticale de bas en haut égale au poids du fluide déplacé. Enfin, la loi de la réflexion énonce que l'angle entre un rayon lumineux et un miroir est égal à l'angle entre ce même miroir et le rayon réfléchi. Pour autant, Archimède ne les appelait pas des lois ni ne les expliquait en s'appuyant sur l'expérience ou l'observation. C'étaient pour lui de purs théorèmes mathématiques qui formaient un système axiomatique très semblable à celui créé par Euclide pour la géométrie.

Avec l'extension de l'influence ionienne, d'autres savants se sont avisés que l'Univers possédait un ordre interne que l'on pouvait appréhender par l'observation et le raisonnement. Ainsi Anaximandre (vers 610-546 av. J.-C.), ami et sans doute disciple de Thalès, a remarqué que, les nouveau-nés humains étant sans défense, le premier homme apparu sur Terre n'aurait pu survivre s'il avait été un nouveau-né. Ébauchant ainsi la première théorie de l'évolution, Anaximandre a donc affirmé que l'humanité avait dû évoluer à partir d'animaux dont les petits étaient plus résistants. En Sicile, Empédocle (vers 490-430 av. J.-C.) a étudié un instrument appelé clepsydre. Parfois utilisée comme louche, elle était constituée d'une sphère ouverte dans sa partie supérieure et percée de trous dans sa partie inférieure. Immergée, celle-ci se remplissait d'eau et, si l'on recouvrait sa partie supérieure, on pouvait la sortir hors de l'eau sans que cette dernière s'écoule par les trous. Empédocle avait par ailleurs remarqué que si l'on recouvrait la sphère avant de l'immerger, alors celle-ci ne se remplissait pas. Par le raisonnement, il en a déduit que quelque chose d'invisible empêchait l'eau de pénétrer par les trous : il avait ainsi découvert la substance que nous appelons air.

À peu près à la même époque, dans une colonie ionienne du nord de la Grèce, Démocrite (vers 460-370 av. J.-C.) s'est demandé ce qui se passerait si on cassait ou découpait un objet en morceaux. Selon lui, il était impossible de poursuivre ce processus indéfiniment. Son postulat était au contraire que toute chose, y compris les êtres vivants, était composée de particules fondamentales que l'on ne pouvait couper ou décomposer. Il a nommé ces particules atomes, du grec « que l'on ne peut couper ». Démocrite pensait que tout phénomène matériel était le produit de la collision de ces atomes. Dans sa vision, baptisée atomisme, tous les atomes se déplaçaient dans l'espace, et ce, indéfiniment s'ils n'étaient pas perturbés. Cette notion est connue aujourd'hui sous le nom de loi d'inertie.

Mais c'est Aristarque de Samos (vers 310-230 av. J.-C.), l'un des derniers savants ioniens, qui a révolutionné notre conception du monde en avançant le premier que nous ne sommes que des habitants ordinaires de l'Univers et non des êtres spéciaux qui vivraient en son centre. Un seul de ses calculs est parvenu jusqu'à nous, une analyse géométrique complexe réalisée à partir d'observations minutieuses qui lui ont permis de déterminer la taille de l'ombre portée de la Terre pendant une éclipse de Lune. Il en a conclu que le Soleil devait être beaucoup plus grand que la Terre. Considérant sans doute que les petits objets doivent tourner autour des gros et non l'inverse, il a été le premier à soutenir que la Terre, loin d'être le centre de notre système planétaire, n'est qu'une des planètes orbitant autour du Soleil, beaucoup plus imposant. Même s'il y avait encore un pas pour passer de cette idée à celle d'un Soleil qui n'aurait quant à lui non plus rien de particulier, cela n'a pas empêché Aristarque de suspecter que les autres étoiles qui brillaient dans la nuit n'étaient en fait que des soleils lointains.

Les Ioniens ne représentaient que l'une des nombreuses écoles philosophiques de la Grèce antique, chacune d'elles étant porteuse de traditions différentes et souvent contradictoires. Malheureusement, l'influence qu'a exercée la conception ionienne de la nature – une nature régie par des lois générales que l'on peut ramener à un ensemble de principes simples – n'a duré que quelques siècles. C'est en partie dû à ce que les théories ioniennes ne semblaient accorder aucun espace au libre arbitre, à la volonté ou à l'intervention des dieux dans les affaires du monde. Cela constituait aux yeux de nombreux penseurs grecs, comme à beaucoup de gens aujourd'hui, une lacune étonnante et profondément dérangeante. Le philosophe Épicure (341-270 av. J.-C.) s'est ainsi opposé à l'atomisme arguant qu'il vaut mieux « croire en des dieux mythiques plutôt qu'être l'"esclave" des philosophes naturalistes ». Aristote a lui aussi réfuté les atomes, ne pouvant accepter que les êtres humains fussent constitués d'objets inanimés. L'idée ionienne d'un univers non anthropocentrique a constitué une étape décisive dans notre compréhension du cosmos. Elle a pourtant été abandonnée pour n'être reprise et acceptée qu'avec Galilée, près de vingt siècles plus tard.

Malgré toute l'inspiration dont ont fait preuve les penseurs grecs de l'Antiquité dans leurs spéculations sur la nature, la plupart de leurs idées ne passeraient pas aujourd'hui le filtre de la science moderne. En premier lieu, dépourvues de démarche scientifique, leurs théories n'étaient pas prévues pour être testées expérimentalement. Ainsi, si un savant affirmait qu'un atome se déplaçait en ligne droite jusqu'à en rencontrer un autre, tandis que, pour un autre, il se déplaçait en ligne droite jusqu'à rencontrer un cyclope, aucune méthode objective ne permettait de les départager. De plus, aucune séparation claire n'était faite entre lois humaines et lois physiques. Au ve siècle av. J.-C., Anaximandre a énoncé par exemple que toute chose émane d'une substance primaire et y retourne, « sous peine de devoir s'acquitter d'une amende et de pénalités pour cette iniquité ». Pour le philosophe ionien Héraclite (vers 535-475 av. J.-C.), le Soleil était pourchassé par la déesse de la justice quand il déviait de sa course. Il a fallu attendre plusieurs siècles pour que les philosophes stoïciens, une école fondée autour du IIIe siècle av. J.-C., distinguent les statuts humains des lois naturelles tout en incluant dans ces dernières des règles de conduite qu'ils considéraient universelles – comme la vénération des dieux ou l'obéissance à ses parents. À l'inverse, il leur arrivait souvent de décrire les processus physiques en termes juridiques : une contrainte devait s'exercer sur les objets pour qu'ils « obéissent » aux lois même si ces derniers étaient inanimés. Il est déjà difficile de contraindre les individus à suivre le code de la route, alors essayez de convaincre un astéroïde de suivre une ellipse !

Cette tradition a continué d'influencer pendant de nombreux siècles les penseurs qui ont succédé aux Grecs. Au XIIIe siècle, le philosophe chrétien Thomas d'Aquin (vers 1225-1274), adoptant ce point de vue, s'en est servi pour démontrer l'existence de Dieu en ces termes : « Il est clair que [les corps inanimés] n'atteignent pas leur but par hasard mais en raison d'une intention [...]. Il existe par conséquent un être intelligent qui ordonne tout dans la nature selon son but. » Même au XVIe siècle, le grand astronome allemand Johannes Kepler (1571-1630) pensait que les planètes étaient dotées d'une perception sensible leur permettant de suivre consciemment les lois du mouvement que leur « esprit » appréhendait.

Cette volonté de croire en une obéissance intentionnelle aux lois naturelles traduit l'intérêt que portaient les anciens au *pourquoi* plutôt qu'au *comment* du fonctionnement des choses. Aristote, l'un des principaux défenseurs de cette approche, rejetait ainsi l'idée d'une science essentiellement fondée sur l'observation, sachant qu'il était de toute façon très difficile de procéder à des mesures et des calculs mathématiques précis à cette époque. De fait, la numérotation en base dix que nous trouvons si pratique en arithmétique fut introduite aux environs de l'an 700 ap. J.-C. par les Hindous, qui allaient plus tard en faire un formidable instrument. Les abréviations des signes plus et moins remontent au XVe siècle. Quant au signe égal ou aux horloges permettant de mesurer le temps à la seconde près, il fallut attendre le XVIe siècle pour pouvoir en disposer.

Pour autant, aux yeux d'Aristote, ni les mesures ni les calculs ne constituaient un frein à l'élaboration d'une physique capable de prédictions quantitatives. Ils lui paraissaient même superflus, et il préférait s'appuyer sur des principes pour construire une science physique intellectuellement satisfaisante. Écartant les faits qui lui déplaisaient, il s'efforçait de déterminer la cause des phénomènes étudiés sans accorder trop d'attention aux mécanismes mis en œuvre, n'ajustant ses conclusions que lorsque l'écart avec la réalité était trop flagrant pour être ignoré. Même ces ajustements étaient rarement autre chose que des explications *ad hoc* destinées à rafistoler les contradictions. Ainsi, quel que fût l'écart entre sa théorie et la réalité, il pouvait toujours corriger la première afin de résoudre en apparence le conflit. Dans sa théorie du mouvement par exemple, les corps pesants chutaient à une vitesse constante proportionnelle à leur poids. Pour expliquer l'évidente accélération des corps en chute libre, il a inventé un nouveau principe selon lequel ceux-ci progressaient avec plus d'allant lorsqu'ils s'approchaient de leur point d'équilibre naturel. Voilà un principe qui semble aujourd'hui s'accorder plus à la description de certaines personnes qu'aux objets inanimés. En dépit de leur faible qualité prédictive, les théories d'Aristote n'en ont pas moins dominé la science occidentale pendant près de deux mille ans.

Les successeurs chrétiens des Grecs repoussaient l'idée d'un univers régi par des lois naturelles aveugles, tout comme ils rejetaient celle d'un univers où l'homme n'occuperait pas une place privilégiée. Malgré l'absence d'un système philosophique cohérent et unique, il était communément admis au Moyen Âge que l'Univers était le jouet de Dieu, et la religion était considérée comme un sujet d'étude bien plus intéressant que les phénomènes naturels. Ainsi, en 1277, l'évêque de Paris Étienne Tempier, sur instruction du pape Jean XXI, a publié un recueil de 219 erreurs ou hérésies condamnables. Parmi celles-ci figurait la croyance que la nature suit des lois car elle contredisait l'omnipotence de

« Si j'ai appris une chose durant mon long règne, c'est que la chaleur s'élève. »

Dieu. Par une ironie du sort, c'est une loi physique, celle de la gravitation, qui a tué le pape Jean quelques mois plus tard lorsque le toit de son palais s'est effondré sur lui.

Il a fallu attendre le XVIIe siècle pour voir émerger la conception moderne d'une nature gouvernée par des lois. Kepler semble avoir été le premier savant à appréhender la signification moderne du terme, même s'il conservait, comme nous l'avons vu, une vision animiste des objets physiques. Galilée (1564-1642) n'a presque jamais utilisé le mot « loi » dans son œuvre scientifique (bien que ce terme apparaisse dans certaines traductions). Qu'il l'ait ou non employé, il a cependant découvert un grand nombre de lois et s'est fait l'avocat de principes essentiels tels que l'observation comme fondement de la science et la mise au jour de relations quantitatives dans les phénomènes physiques comme objectif ultime. Mais c'est René Descartes (1596-1650) qui, le premier, a formulé explicitement et rigoureusement le concept de lois de la nature dans son acception moderne.

Selon Descartes, tous les phénomènes physiques pouvaient s'expliquer par des collisions de masses mobiles, lesquelles étaient gouvernées par trois lois, précurseurs des célèbres lois de la dynamique de Newton. Elles s'appliquaient en tous lieux et en tout temps. Ses écrits précisent explicitement que la soumission à ces lois n'impliquait en rien que ces corps mobiles fussent dotés d'intelligence. C'est également Descartes qui a compris l'importance de ce que l'on appelle aujourd'hui les « conditions initiales ». Celles-ci décrivent l'état d'un système au début de l'intervalle de temps où l'on opère des prédictions. Une fois ces conditions initiales précisées, les lois physiques permettent de déterminer l'évolution ultérieure du système. À l'inverse, en l'absence de ces conditions, cette évolution ne peut être spécifiée. Si, par exemple, un pigeon lâche quelque chose, les lois de Newton permettent de déterminer la trajectoire de cette chose. Évidemment, le résultat risque d'être très différent si, à l'instant initial, le pigeon est posé sur un fil téléphonique ou bien s'il vole à 30 kilomètres/heure. Si l'on veut pouvoir appliquer les lois de Newton, il faut connaître l'état du système au départ ou bien à un instant donné de son existence. (Il est alors également possible d'utiliser ces lois pour remonter le cours de son histoire.)

Ce renouveau de la foi en l'existence de lois gouvernant la nature s'est accompagné de nouvelles tentatives pour réconcilier ces mêmes lois avec le concept de Dieu. Selon Descartes, si Dieu pouvait modifier la véracité ou la fausseté de propositions éthiques ou de théorèmes mathématiques, il ne pouvait en revanche changer la nature. Dieu régissait les lois de la nature sans pouvoir les choisir car elles étaient les seules possibles. Pour contourner ce qui pouvait apparaître comme une restriction du pouvoir divin, Descartes prétendait que ces lois étaient inaltérables car elles étaient le reflet de la nature intrinsèque de Dieu. Mais, même dans ce cas, Dieu n'avait-il pas la possibilité de créer une variété de mondes différents, chacun correspondant à des conditions initiales différentes ? Encore non, répondait Descartes. D'après lui, indépendamment de l'ordonnancement de la matière à la création de l'Univers, l'évolution devait déboucher sur un monde en tous points identique au nôtre. Son intime conviction était qu'après avoir créé le monde, Dieu l'avait abandonné à lui-même.

C'est un point de vue semblable (à quelques exceptions près) qu'a adopté Isaac Newton (1643-1727). Grâce à lui, le concept de loi scientifique s'est répandu dans son acception moderne, avec ses trois lois de la dynamique et sa loi de la gravitation qui rendaient compte des orbites de la Terre, de la Lune et des planètes, et qui expliquaient des phénomènes comme les marées. La poignée d'équations qu'il a élaborées alors est encore enseignée aujourd'hui, de même que le cadre mathématique complexe qui en découle. Elles servent chaque fois qu'un architecte dessine un immeuble, qu'un ingénieur conçoit un véhicule ou qu'un physicien calcule la trajectoire d'une fusée vers Mars. Comme l'a écrit le poète Alexandre Pope :

Dans la nuit se cachaient la Nature et ses lois :
Dieu dit, Que Newton soit ! *et la lumière fut.*

La plupart des scientifiques aujourd'hui définiraient une loi de la nature comme une règle établie par l'observation d'une régularité, permettant d'énoncer des prédictions qui dépassent les situations immédiates les engendrant. Par exemple, on peut remarquer que le Soleil se lève à l'est chaque jour de notre vie et s'en servir pour formuler la loi : « Le Soleil se lève toujours à l'est. » Cette généralisation, qui dépasse la simple observation d'un lever de Soleil, avance des prédictions vérifiables. À l'inverse, une affirmation du type : « Les ordinateurs du bureau sont noirs » n'est pas une loi de la nature, car elle se réfère exclusivement aux ordinateurs actuels du bureau et ne permet pas de prédire que « si mon bureau achète un nouvel ordinateur, alors il sera noir ».

Encore aujourd'hui, les philosophes dissertent à l'envi sur l'acception moderne du terme « loi de la nature », question plus subtile qu'il n'y paraît de prime abord. Le philosophe John W. Carroll s'est attaché par exemple à comparer l'affirmation : « Toutes les sphères en or font moins d'un kilomètre de diamètre », à l'affirmation : « Toutes les sphères en uranium 235 font moins d'un kilomètre de diamètre. » Notre expérience du monde nous dit qu'il n'existe aucune sphère en or d'un kilomètre de diamètre et qu'il n'y en aura sans doute jamais. Pourtant, rien ne nous dit qu'il ne pourrait pas y en avoir. Par conséquent, cette affirmation ne peut être considérée comme une loi. À l'inverse, l'affirmation : « Toutes les sphères en uranium 235 font moins d'un kilomètre de diamètre » peut être considérée comme une loi de la nature, car la physique nucléaire enseigne qu'une sphère d'uranium 235 d'un diamètre de plus de vingt centimètres environ s'autodétruirait dans une explosion nucléaire. Ainsi, nous pouvons être certains qu'une telle sphère n'existe pas (et qu'il serait très déconseillé d'en fabriquer une !). Une telle distinction est importante car elle illustre que toutes les généralisations possibles ne peuvent être considérées comme des lois de la nature et que la plupart de ces dernières participent d'un système interconnecté de lois qui est plus large.

En science moderne, les lois de la nature s'expriment couramment en langage mathématique. Elles peuvent être exactes ou approchées, mais elles ne doivent souffrir aucune exception – sinon de façon universelle, tout du moins dans un cadre de conditions bien définies. Ainsi, on sait aujourd'hui qu'il faut modifier les lois de Newton pour les objets qui se déplacent à des vitesses proches de celle de la lumière. Nous les appelons pourtant des lois car elles s'appliquent, au moins en très bonne approximation, aux situations du quotidien pour lesquelles les vitesses sont très inférieures à celle de la lumière.

Ainsi donc, si la nature est gouvernée par des lois, trois questions se posent :

1. Quelle est l'origine de ces lois ?
2. Admettent-elles des exceptions, autrement dit des miracles ?
3. Existe-t-il un seul ensemble de lois possibles ?

Les scientifiques, philosophes, théologiens ont tenté d'apporter diverses réponses à ces questionnements importants. La réponse traditionnelle à la première question – donnée par Kepler, Galilée, Descartes et Newton – est que ces lois sont l'œuvre de Dieu. Toutefois, cela revient simplement à définir celui-ci comme une personnification des lois de la nature. À moins de le doter d'attributs supplémentaires, comme dans l'Ancien Testament, recourir à lui pour répondre à cette question revient à substituer un mystère à un autre. Donc, si on recourt à Dieu pour la première question, c'est à la deuxième que surgit le point crucial : existe-t-il des miracles, c'est-à-dire des exceptions aux lois ?

Cette deuxième question a suscité des réponses extrêmement tranchées. Platon et Aristote, les deux auteurs les plus influents de la Grèce antique, soutenaient que les lois ne peuvent souffrir d'exceptions. Si l'on s'en tient aux écrits bibliques, en revanche, alors non seulement Dieu a créé les lois, mais on peut aussi par la prière le supplier de faire des exceptions – de guérir des malades en phase terminale, de stopper les sécheresses ou encore de réintroduire le croquet comme discipline olympique. À l'inverse de la vision de Descartes, presque tous les penseurs chrétiens soutiennent que Dieu est capable de suspendre l'application des lois afin d'accomplir des miracles. Même Newton croyait à une sorte de miracle. Il pensait que, si l'attraction gravitationnelle d'une planète pour une autre perturbait les orbites, cela les rendait instables. Les perturbations croissaient dans le temps et aboutissaient à ce qu'une des planètes plonge dans le Soleil ou soit expulsée du système solaire. Dans son idée, Dieu devait donc régulièrement réinitialiser les orbites, ou encore « remonter l'horloge céleste ». Pierre-Simon, marquis de Laplace (1749-1827), plus connu sous le nom de Laplace, soutenait au contraire que les perturbations ne se cumulaient pas mais étaient périodiques, c'est-à-dire caractérisées par des cycles. Le système solaire se réinitialisait tout seul en quelque sorte, sans qu'aucune intervention divine ne soit nécessaire pour expliquer sa survie jusqu'à aujourd'hui.

C'est à Laplace que l'on attribue le plus souvent la première formulation claire du déterminisme scientifique : si l'on connaît l'état de l'Univers à un instant donné, alors son futur et son passé sont entièrement déterminés par les lois physiques. Cela exclut toute possibilité de miracle ou d'intervention divine. Le déterminisme scientifique ainsi formulé par Laplace est la réponse du savant moderne à la question 2. C'est, en fait, le fondement de toute la science moderne et l'un des principes essentiels qui sous-tendent cet ouvrage. Une loi scientifique n'en est pas une si elle vaut seulement en l'absence d'une intervention divine. On rapporte que Napoléon, ayant demandé à Laplace quelle était la place de Dieu dans son schéma du monde, reçut cette réponse : « Sire, je n'ai pas besoin de cette hypothèse. »

Les hommes vivant dans l'Univers et interagissant avec les autres objets qui s'y trouvent, le déterminisme scientifique doit également s'appliquer à eux. Nombreux sont cependant ceux qui, tout en admettant que le déterminisme scientifique régit les processus physiques, voudraient faire une exception pour le comportement humain en raison de l'existence supposée du libre arbitre. Ainsi Descartes, afin de préserver ce libre arbitre, affirmait-il que l'esprit humain différait du monde physique et n'obéissait pas à ses lois. Selon lui, toute personne était composée de deux ingrédients, un corps et une âme. Tandis que les corps n'étaient rien d'autre que des machines ordinaires, les âmes échappaient, elles, à la loi scientifique. Descartes, féru d'anatomie et de physiologie, tenait un petit organe situé au centre du cerveau, la glande pinéale, pour le siège de l'âme. Selon lui, toutes nos pensées prenaient naissance dans cette glande qui était la source de notre libre arbitre.

Les hommes possèdent-ils un libre arbitre ? Si c'est le cas, à quel moment est-il apparu dans l'arbre de l'évolution ? Les algues vertes ou les bactéries en possèdent-elles ou bien leur comportement est-il automatique, entièrement gouverné par les lois scientifiques ? Ce libre arbitre est-il l'apanage des seuls organismes multicellulaires ou bien des seuls mammifères ? On peut croire que le chimpanzé fait preuve de libre arbitre lorsqu'il choisit d'attraper une

« Je pense que vous devriez mieux détailler la deuxième étape. »

banane, ou encore le chat quand il lacère votre divan, mais qu'en est-il du ver nématode *Caenorhabditis elegans* – créature rudimentaire composée de 959 cellules ? Probablement ne pense-t-il jamais : « Aïe, c'est sans doute cette saleté de bactérie que j'ai avalée hier soir », bien qu'il ait certainement des préférences alimentaires qui le conduisent, en fonction de son expérience, à se contenter d'un repas peu appétissant ou bien à creuser pour trouver mieux. Dans ce cas, exerce-t-il son libre arbitre ?

Bien que nous pensions décider de nos actions, notre connaissance des fondements moléculaires de la biologie nous montre que les processus biologiques sont également gouvernés par les lois de la physique et de la chimie, et qu'ils sont par conséquent aussi déterminés que les orbites des planètes. Des expériences menées récemment en neurosciences viennent nous conforter dans l'idée que c'est bien notre cerveau physique qui détermine nos actions en se conformant aux lois scientifiques connues, et non quelque mystérieuse instance qui serait capable de s'en affranchir. Une étude réalisée sur des patients opérés du cerveau en restant conscients a ainsi pu montrer qu'on peut susciter chez ceux-ci le désir de bouger une main, un bras ou un pied, ou encore celui de remuer les lèvres et de parler. Il est difficile d'imaginer quel peut être notre libre arbitre si notre comportement est déterminé par les lois physiques. Il semble donc que nous ne soyons que des machines biologiques et que notre libre arbitre ne soit qu'une illusion.

Pour autant, même si le comportement humain est effectivement déterminé par les lois de la nature, notre compréhension est l'aboutissement d'un processus tellement complexe et dépendant de tant de variables qu'il en devient impossible à prédire. Il nous faudrait pour cela connaître l'état initial de chacune des milliards de milliards de milliards de molécules composant le corps humain et résoudre à peu près autant d'équations. Cela demanderait plusieurs milliards d'années, ce qui est un poil long, surtout si le but est d'éviter un poing qui vous arrive dans la figure.

Pour contourner cette impossibilité pratique à utiliser les lois physiques fondamentales pour prédire le comportement humain, on a recours à ce que l'on appelle une théorie effective. En physique, une théorie effective est un cadre conceptuel créé pour modéliser certains phénomènes observés sans en décrire en détail tous les processus sous-jacents. Par exemple, il nous est impossible de résoudre dans le détail les équations qui décrivent l'ensemble des interactions gravitationnelles entre chaque atome d'une personne et chaque atome de la Terre. Dans la pratique, on se contente de résumer la force gravitationnelle entre une personne et la Terre par le biais de quelques nombres tels que la masse de la personne. De même, comme nous ne pouvons résoudre les équations qui gouvernent le comportement des atomes et molécules complexes, nous avons développé une théorie effective baptisée chimie qui nous explique comment se comportent ces atomes et molécules lors de réactions chimiques, sans entrer dans le détail de leurs interactions. Pour ce qui est des individus, puisque nous ne pouvons résoudre les équations qui déterminent notre comportement, nous faisons appel à une théorie effective qui les dote d'un libre arbitre. L'étude de la volonté et du comportement qui en découle forme la science qui porte le nom de psychologie. L'économie est également une théorie effective fondée sur la notion de libre arbitre et sur la maximisation supposée de la satisfaction des individus en fonction de leurs choix. Les succès prédictifs de cette théorie effective sont relativement modestes car, comme nous le savons, nos décisions sont souvent irrationnelles ou encore fondées sur une analyse imparfaite des conséquences de ces dernières, ce qui explique pourquoi le monde est un tel foutoir.

La troisième question pose le problème de l'unicité des lois qui déterminent le comportement de l'Univers et de l'homme. Si votre réponse à la première question est que Dieu a créé les lois de la nature, cette question revient à demander : Dieu avait-il une quelconque latitude en choisissant ces lois ? Aristote et Platon pensaient tous deux, à l'instar de Descartes et plus tard d'Einstein, que les principes de la nature sont issus de la « nécessité », car ils sont les seuls à s'articuler pour former une construction logique. Cette croyance dans la logique comme origine des lois de la nature a conduit Aristote et ses disciples à penser que l'on pouvait « déduire » ces lois sans vraiment étudier le fonctionnement de la nature. Si l'on y ajoute une préoccupation principalement centrée sur le *pourquoi* du fait que les objets suivent des lois plutôt que sur le détail de ces mêmes lois, on comprend que cette démarche ait pour l'essentiel abouti à des lois qualitatives souvent erronées ou à tout le moins peu utiles. Elles n'en ont pas moins dominé la pensée scientifique pendant de nombreux siècles. Ce n'est que bien plus tard que Galilée s'est aventuré à contester l'autorité d'Aristote et à observer ce que faisait vraiment la nature plutôt que ce que la « raison » pure lui dictait.

Le déterminisme scientifique, dans lequel cet ouvrage trouve ses racines, répond à la question 2 en affirmant qu'il n'existe ni miracles ni exceptions aux lois de la nature. Nous approfondirons plus loin les questions 1 et 3 qui portent sur l'origine des lois et leur unicité. Mais pour l'instant, au cours du chapitre qui vient, nous allons nous pencher sur ce que décrivent ces lois. La plupart des scientifiques vous diront qu'elles sont le reflet mathématique d'une réalité externe qui existe indépendamment de l'observateur. Mais à mesure que nous interrogeons notre façon d'observer et de conceptualiser le monde qui nous entoure, nous nous heurtons à la question suivante : avons-nous vraiment raison de penser qu'il existe une réalité objective ?

UNITED STATES
20c

3

QU'EST-CE QUE LA RÉALITÉ ?

Il y a de cela quelques années, en Italie, le conseil municipal de Monza a promulgué un arrêté interdisant aux possesseurs de poissons rouges de conserver ces derniers dans des bocaux sphériques au motif qu'il était cruel de garder un poisson dans un récipient incurvé, car on lui imposait ainsi une vision distordue de la réalité. Mais comment savons-nous que nous avons l'image véritable et non déformée de la réalité ? Pourquoi ne serions-nous pas nous-même dans un énorme bocal ? Et pourquoi notre vision ne serait-elle pas ainsi faussée comme par une énorme lentille ? Certes, la réalité que perçoit le poisson rouge est différente de la nôtre, mais comment être sûr qu'elle est moins réelle ?

Même avec une vision différente de la nôtre, le poisson rouge peut quand même formuler des lois scientifiques qui régissent le mouvement des corps qu'il observe au travers de son bocal. Par exemple, un corps se déplaçant librement et dont la trajectoire nous apparaît rectiligne semblerait suivre une courbe aux yeux du poisson rouge. Pour autant, ce dernier pourrait très bien formuler des lois scientifiques dans ce référentiel déformé qui seraient toujours vérifiées et qui lui permettraient de prédire le déplacement des objets à l'extérieur du bocal. Ses lois seraient peut-être plus compliquées que les nôtres, mais après tout la simplicité est une affaire de goût. Si le poisson rouge formulait une telle théorie, nous serions alors obligés d'admettre sa vision comme une image valable de la réalité.

Un exemple célèbre d'une même réalité décrite par des images différentes nous est fourni par le modèle de Ptolémée (vers 85-165 ap. J.-C.). Ce modèle, introduit vers l'an 150 de notre ère pour décrire le mouvement des corps célestes, a été publié dans un traité en treize volumes connu sous son titre arabe, l'*Almageste*. Celui-ci débute en détaillant les raisons qui autorisent à penser que la Terre est ronde, immobile, située au centre de l'Univers et de taille négligeable comparée à sa distance aux cieux. Malgré Aristarque et son modèle héliocentrique, cette vision était partagée par une majorité de la population grecque éduquée depuis Aristote. Pour des raisons mystiques, on pensait que la Terre devait occuper le centre de l'Univers. Dans le modèle de Ptolémée, la Terre était immobile et les planètes ainsi que les étoiles se mouvaient autour d'elle en suivant des orbites compliquées, des épicycloïdes, trajectoires que l'on obtient en faisant tourner une roue à l'intérieur d'une autre roue.

Ce modèle semblait tout à fait naturel vu que l'on ne sent pas la Terre bouger sous nos pieds (sauf pendant les tremblements de terre ou les émotions intenses). Plus tard, propagées par les écrits grecs qui constituaient la base de l'enseignement en Europe, les idées d'Aristote et de Ptolémée ont fondé la pensée occidentale. Le modèle de Ptolémée a ainsi été adopté par l'Église catholique et a tenu

L'univers selon Ptolémée Dans la vision de Ptolémée, nous occupions le centre de l'Univers.

lieu de doctrine officielle pendant près de quatorze siècles. Il a fallu attendre 1543 pour que Copernic propose un modèle concurrent dans son *De revolutionibus orbium coeslestium* (*Sur les révolutions des sphères célestes*), qui a été publié moins d'un an avant sa mort bien qu'il eût travaillé sur sa théorie pendant plusieurs dizaines d'années.

Copernic, tout comme Aristarque quelque dix-sept siècles plus tôt, décrivait un monde dans lequel les planètes tournaient selon des orbites circulaires autour d'un Soleil immobile. Même si cette idée n'était pas nouvelle, elle a rencontré une résistance farouche. On a soutenu que le modèle copernicien contredisait la Bible dans laquelle, selon l'interprétation en vigueur, les planètes tournaient autour de la Terre même si cette affirmation n'y figurait pas de façon claire. Et pour cause : à l'époque où la Bible avait été écrite, on pensait que la Terre était plate. Le modèle copernicien a déclenché une vive controverse portant sur la situation de la Terre, controverse dont le procès de Galilée en 1633 pour hérésie a constitué le point culminant. Galilée a été jugé pour avoir défendu ce modèle et affirmé qu'on « peut défendre et tenir pour probable une opinion même après qu'elle a été déclarée contraire aux Saintes Écritures ». Reconnu coupable, il fut assigné à résidence pour le restant de ses jours et forcé de se rétracter. L'histoire dit qu'il aurait murmuré dans sa barbe : « *Eppur si muove* » (Et pourtant elle tourne). En 1992, l'Église catholique romaine a en définitive reconnu que la condamnation de Galilée avait été une erreur.

Finalement, lequel des deux systèmes est réel, celui de Ptolémée ou celui de Copernic ? Il est faux de prétendre, même si on l'entend couramment, que Copernic a invalidé Ptolémée. Comme dans l'opposition entre notre vision et celle du poisson rouge, les deux modèles sont utilisables car on peut très bien rendre compte de nos observations des cieux en supposant que la Terre est immobile ou bien que le Soleil est immobile. Malgré son rôle dans les controverses philosophiques sur la nature de notre Univers, l'avantage du système copernicien tient au fait que les équations du mouvement sont bien plus simples dans le référentiel dans lequel le Soleil est immobile.

C'est à un genre très différent de réalité alternative que nous sommes confrontés dans le film de science-fiction

Matrix. On y voit l'espèce humaine évoluer sans le savoir dans une réalité virtuelle simulée, créée par des ordinateurs intelligents qui la maintiennent ainsi dans un état de satisfaction paisible afin d'aspirer l'énergie bioélectrique produite par les hommes (quoi que celle-ci puisse être). Cette vision n'est peut-être pas si folle vu le nombre de personnes qui préfèrent déjà aujourd'hui passer leur temps sur des sites de réalité virtuelle comme *Second Life*. Comment savoir si nous ne sommes pas des personnages d'un *soap opera* informatique ? En fait, si nous vivions dans un monde de synthèse, rien n'obligerait les événements à s'enchaîner de façon logique ou cohérente, ou encore à obéir à des lois. Les *aliens* nous contrôlant pourraient trouver tout aussi intéressant ou amusant d'observer nos réactions dans un monde où par exemple la Lune se couperait en deux, ou dans un monde où toutes les personnes au régime se mettraient à développer un amour incontrôlable pour les tartes à la banane. Si, en revanche, ces mêmes êtres appliquaient des lois cohérentes, alors rien ne nous permettrait de deviner qu'une autre réalité se cache sous la simulation. On peut aisément appeler « réel » le monde des êtres supérieurs et « faux » le monde de synthèse. Mais, pour ceux qui habiteraient le dernier, nous en l'occurrence, incapables que nous serions d'observer le monde extérieur, nous n'aurions aucune raison de mettre en doute notre réalité. Voilà une version renouvelée, moderne, d'un fantasme classique qui fait de nous des produits de l'imagination issus du rêve d'un autre.

Ces exemples nous conduisent à une conclusion qui jouera un rôle majeur tout au long de cet ouvrage : *la réalité n'existe pas en tant que concept indépendant de son image ou de la théorie qui la représente.* Nous allons donc adopter un point de vue baptisé réalisme modèle-dépendant. Dans cette approche, toute théorie physique ou toute image du monde consiste en un modèle (en général un formalisme mathématique) et un ensemble de lois qui relient les éléments du modèle aux observations. C'est dans ce cadre que nous interpréterons la science moderne.

Depuis Platon, les philosophes n'ont cessé de débattre de la nature de la réalité. La science classique repose sur la croyance qu'il existe un monde extérieur réel dont les propriétés sont clairement déterminées et indépendantes de l'observateur qui l'étudie. Certains objets existent et se

« Ceci est un message enregistré. » « Ça m'est égal. Je suis un hologramme. »

caractérisent par des propriétés physiques comme la vitesse et la masse, qui ont des valeurs bien définies. C'est à ces valeurs que s'attachent nos théories, nos mesures et nos perceptions lorsque nous tentons de rendre compte de ces objets et de leurs propriétés. L'observateur et l'objet observé appartiennent tous deux au monde qui existe de façon objective, et il serait vain d'essayer d'établir une distinction entre eux. En d'autres termes, si vous voyez un troupeau de zèbres en train de se battre pour une place de parking, c'est parce qu'un troupeau de zèbres est effectivement en train de se battre pour une place de parking. Tout autre observateur mesurera des propriétés identiques et le troupeau aura ces propriétés, qu'un individu extérieur les mesure ou non. En philosophie, cette doctrine porte le nom de réalisme.

Même si ce réalisme semble *a priori* attirant, nous verrons plus loin que notre connaissance de la physique moderne le rend difficilement défendable. Les principes de la physique quantique, qui est une description assez fidèle de la nature, nous enseignent ainsi qu'une particule ne possède ni position ni vitesse définie tant que celle-ci n'est pas mesurée par un observateur. Il est par conséquent *inexact* de dire qu'une mesure donne un certain résultat car la quantité mesurée n'acquiert sa valeur qu'à l'instant même de la mesure. En fait, certains objets ne possèdent même pas d'existence indépendante, mais ne sont que des composants d'un tout beaucoup plus grand. Et si la théorie baptisée principe holographique se révèle correcte, nous et notre monde quadridimensionnel ne sommes peut-être que des ombres sur la frontière d'un espace-temps à cinq dimensions. Notre statut dans l'Univers serait alors analogue à celui du poisson rouge.

Pour les stricts défenseurs du réalisme, le succès même des théories scientifiques est une preuve de leur aptitude à représenter la réalité. Pourtant, plusieurs théories peuvent rendre compte avec succès d'un même phénomène tout en faisant appel à des cadres conceptuels distincts. Mieux encore, il est souvent arrivé qu'une théorie scientifique reconnue soit remplacée par une autre tout aussi fructueuse bien que fondée sur des conceptions de la réalité totalement nouvelles.

On appelle traditionnellement les opposants au réalisme des antiréalistes. Ces derniers postulent une distinction entre connaissance empirique et connaissance théorique. Les observations et les expériences sont considérées par eux comme utiles, mais les théories ne sont rien d'autre que des instruments n'apportant aucune vérité plus profonde sur les phénomènes étudiés. Certains ont même suggéré de ne cantonner la science qu'aux observations. Ainsi nombreux sont ceux qui, au XIXe siècle, ont rejeté l'idée d'atome au motif qu'on ne pourrait jamais en voir. George Berkeley (1685-1753) est même allé jusqu'à prétendre que rien n'existe hormis l'esprit et les idées. On raconte qu'un de ses amis lui ayant affirmé qu'on ne pouvait réfuter les idées de Berkeley, le docteur Samuel Johnson, écrivain et lexicographe anglais (1709-1784), se dirigea vers une grosse pierre et shoota dedans, avant de déclarer : « Je réfute donc cela. » La douleur qu'il ressentit alors au pied n'étant elle aussi qu'une idée dans son cerveau, on ne peut pas vraiment voir là une réfutation des idées de Berkeley. Cependant, cette réponse est une bonne illustration de la position du philosophe David Hume (1711-1776). Selon lui, bien que rien ne nous force à croire en une réalité objective, nous devons en fait agir comme si elle existait.

Le réalisme modèle-dépendant court-circuite entièrement ce débat et cette controverse entre les écoles de pensée réaliste et antiréaliste. Dans le réalisme modèle-dépendant, la question de la réalité d'un modèle ne se pose pas, seul compte son accord avec l'observation. Si deux modèles différents concordent en tous points avec les observations qu'on a faites, comme c'est le cas entre nous et le poisson rouge, alors il est impossible d'en déclarer un plus réel que l'autre. On peut, dans une situation donnée, recourir à celui qui s'avère le plus pratique. Si l'on se trouve à l'intérieur d'un bocal, par exemple, alors la vision du poisson rouge est utile. En revanche, pour ceux qui sont à l'extérieur, décrire les événements d'une galaxie lointaine dans le référentiel d'un bocal sur Terre serait très étrange, surtout quand ce bocal suit la rotation de la Terre, laquelle orbite elle-même autour du Soleil.

Il n'y a pas qu'en science que nous élaborons des modèles, dans la vie quotidienne aussi. Le réalisme modèle-dépendant ne s'applique pas seulement aux modèles scientifiques, mais également aux modèles mentaux conscients et inconscients que nous créons dans notre besoin de comprendre et d'interpréter le monde qui nous entoure. On ne peut extraire l'observateur – nous, en l'occurrence – de notre perception du monde car celle-ci est créée par nos organes sensoriels et notre façon de penser et de raisonner. Notre perception – et donc les observations qui sont à la

« Vous avez une chose en commun. Le Dr Davis a découvert une particule que personne n'a vue et le Pr Higbe a découvert une galaxie que personne n'a vue. »

base de nos théories – n'est pas directe ; elle est construite à travers la lentille qu'est la structure d'interprétation de notre cerveau humain.

Le réalisme modèle-dépendant correspond à notre façon de percevoir les objets. Le processus visuel consiste pour le cerveau à recevoir des signaux provenant du nerf optique dont votre téléviseur ne voudrait pas pour construire son image. En effet, il existe un point aveugle à l'endroit même où le nerf optique se rattache à la rétine. Par ailleurs, la résolution dans notre champ de vision n'est correcte que dans une zone très restreinte, comprise dans un angle d'un degré autour du centre de la rétine, zone qui a la taille de votre pouce lorsque vous tendez le bras. Les données brutes que vous envoyez à votre cerveau se résument donc à une image réduite, horriblement pixellisée et trouée en son milieu. Par bonheur, le cerveau est là pour traiter ces données, combiner les signaux provenant des deux yeux et boucher les trous par interpolation en supposant que les propriétés visuelles du voisinage sont similaires. Mieux encore, alors que la rétine lui envoie un tableau bidimensionnel de données, il exploite celui-ci afin de recréer l'impression d'un espace tridimensionnel. En d'autres termes, notre cerveau construit une image mentale ou encore un modèle.

Il est d'ailleurs si efficace dans sa tâche que, même si on porte des verres qui retournent les images, il modifie son modèle au bout d'un certain temps de façon à récupérer la vision originale. Et si on enlève alors les verres, le monde apparaît provisoirement renversé mais rapidement la vision normale revient. Lorsqu'on dit : « Je vois une chaise », on utilise en fait la lumière renvoyée par la chaise pour élaborer une image mentale ou un modèle de la chaise. Si le modèle est retourné, il est à parier que le cerveau corrigera cette erreur avant qu'on essaie de s'asseoir.

Le réalisme modèle-dépendant résout également, ou à tout le moins contourne, un autre problème : celui du sens de l'existence. Comment puis-je savoir qu'une table existe toujours quand je sors d'une pièce et que je ne la vois plus ? Que signifie le verbe « exister » pour des choses que l'on ne peut voir comme des électrons ou des quarks – les constituants des protons et des neutrons ? On pourrait très bien imaginer un modèle au sein duquel la table disparaîtrait lorsque je sors de la pièce et réapparaîtrait à la même position quand je reviens mais, d'une part, ce serait étrange et, d'autre part, que dire si le plafond s'écroule alors que je suis sorti ? Comment, dans ce modèle de la-table-disparaîtquand-je-sors, rendre compte du fait que la table est écrasée sous des débris de plafond lorsque je reviens ? Le modèle dans lequel la table reste là est bien plus simple et s'accorde avec l'observation. On ne peut rien demander de plus.

Dans le cas de particules subatomiques invisibles, les électrons sont un modèle utile qui permet d'expliquer les traces dans les chambres à bulle et les points lumineux sur un tube cathodique, et bien d'autres phénomènes encore. L'histoire rapporte que c'est le physicien britannique J. J. Thomson qui a découvert l'électron en 1897 au laboratoire Cavendish, à l'Université de Cambridge. Il travaillait sur des courants électriques traversant des tubes à vide, phénomène connu sous le nom de rayons cathodiques. Ses expériences l'ont amené à suggérer, non sans audace, que ces mystérieux rayons étaient constitués de minuscules « corpuscules », ces derniers étant des constituants de l'atome que l'on pensait pourtant à l'époque insécable. Non seulement Thomson n'avait pas « vu » ces électrons, mais encore ses expériences ne permettaient pas de démontrer de façon irréfutable ses suppositions. Son modèle allait pourtant s'avérer crucial dans de nombreuses applications qui vont de la science fondamentale jusqu'à l'ingénierie, et les physiciens aujourd'hui croient en l'électron même s'ils n'en ont jamais vu.

Le modèle des quarks, qu'on ne peut pas plus voir, permet d'expliquer quant à lui les propriétés des protons et des neutrons dans le noyau de l'atome. Bien que protons et neutrons soient des assemblages de quarks, on n'a jamais pu observer de quark individuel car les forces qui les lient augmentent avec la distance qui les sépare. Par conséquent,

Rayons cathodiques Nous ne pouvons pas voir des électrons isolés mais nous pouvons voir les effets qu'ils produisent.

il n'existe pas de quark isolé dans la nature. Ceux-ci vont toujours par groupes de trois (comme dans les protons et les neutrons) ou bien par paires quark-antiquark (comme dans le cas des mésons pi), se comportant comme s'ils étaient reliés par des élastiques.

Dans les années qui ont suivi l'apparition du modèle des quarks, une controverse est née quant à la possibilité de parler de leur existence alors même qu'on ne pourrait jamais en isoler un. Certes, imaginer certaines particules comme des combinaisons d'un petit nombre de particules subatomiques offrait un cadre cohérent qui permettait d'expliquer de façon simple et élégante leurs propriétés.

Pourtant, même si les physiciens étaient déjà habitués à postuler l'existence de particules pour expliquer des anomalies statistiques dans la diffusion d'autres particules, l'idée d'accorder une réalité à une particule potentiellement inobservable par principe semblait inenvisageable pour nombre d'entre eux. Avec le temps et à mesure que les prédictions du modèle des quarks se sont révélées exactes, l'opposition a cependant perdu de sa vivacité. Il est très possible que des *aliens* dotés de dix-sept bras, d'une vision infrarouge et aux oreilles pleines de crème fraîche aient observé expérimentalement le même phénomène sans éprouver le besoin de recourir aux quarks. Le réalisme modèle-dépendant nous permet simplement de dire que les quarks existent dans un modèle qui s'accorde avec notre expérience du comportement des particules subatomiques.

Le réalisme modèle-dépendant permet également de réfléchir à des questions comme : si la création du monde remonte à une date donnée dans le passé, qu'y avait-il avant ? Pour saint Augustin, philosophe du début de la chrétienté (354-430), la réponse n'était pas que Dieu était occupé à préparer l'enfer pour les individus qui oseraient soulever cette question. Selon lui, le temps aussi était une propriété du monde créé par Dieu, et donc n'existait pas avant la création. Quant à cette dernière, il ne croyait pas qu'elle fût très ancienne. Cette thèse, que l'on peut admettre, est défendue par ceux qui croient à la lettre le récit de la Genèse malgré tous les fossiles et autres preuves qui laissent penser que le monde est beaucoup plus ancien. (Pourquoi diable sont-ils là ? Pour nous tromper ?) On peut également croire en un modèle différent qui fait remonter le Big Bang à 13,7 mil-

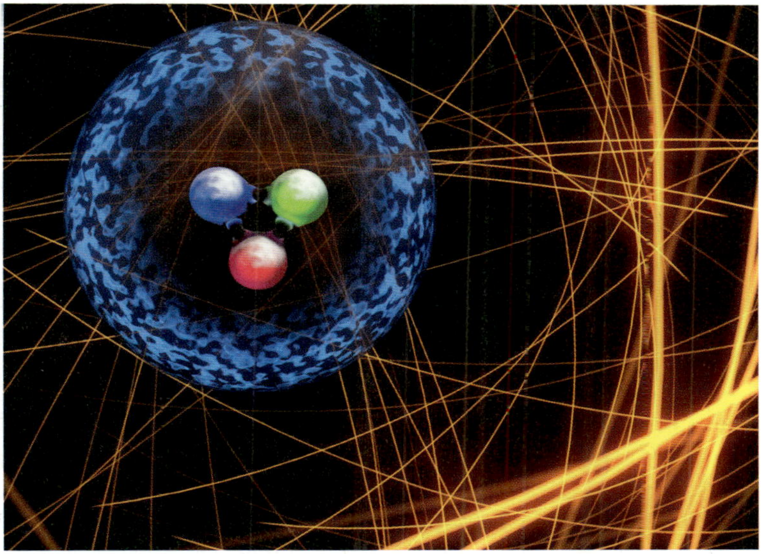

Quarks Le concept de quark est un élément essentiel des théories en physique fondamentale même si on ne peut observer de quark isolé.

liards d'années. Ce modèle qui rend compte de la plupart de nos observations actuelles, géologiques et historiques, constitue à ce jour la meilleure représentation de notre passé. Capable d'expliquer les fossiles, les mesures de radioactivité et la lumière que nous recevons de galaxies situées à des millions d'années-lumière, ce modèle – la théorie du Big Bang – nous est plus utile que le premier. Malgré tout cela, on ne peut affirmer qu'un modèle est plus réel que l'autre.

Certains défendent un modèle au sein duquel le temps est antérieur au Big Bang. On ne voit pas clairement en quoi un tel modèle permettrait de mieux expliquer les observations actuelles car il est clair que les lois d'évolution de l'Univers ont pu être modifiées au cours du Big Bang. Si c'est le cas, élaborer un modèle qui décrit le temps avant le Big Bang n'aurait aucun sens car ce qui se serait produit alors n'aurait eu aucune conséquence sur le présent. On pourrait donc tout aussi bien se contenter d'une création du monde qui part du Big Bang.

Un modèle est donc de qualité s'il satisfait les critères suivants :

1. Être élégant.
2. Ne contenir que peu d'éléments arbitraires ou ajustables.
3. S'accorder avec et expliquer toutes les observations existantes.
4. Pouvoir prédire de façon détaillée des observations à venir, qui à leur tour permettront d'infirmer ou de disqualifier le modèle si elles ne sont pas vérifiées.

Par exemple, la théorie d'Aristote qui postulait un monde composé de quatre éléments, la terre, l'air, le feu et l'eau, monde dans lequel tout objet se mouvait afin d'accomplir sa mission, était une théorie élégante, sans aucun élément ajustable. Mais, dans de nombreux cas, elle ne permettait aucune prédiction et, quand bien même, ses prédictions ne concordaient pas toujours avec les observations. En particulier, elle prédisait que les objets plus lourds devaient chuter plus rapidement car leur but est de tomber. Personne ne crut devoir tester cette assertion avant que, selon la légende, Galilée ne fasse tomber des poids de la tour de Pise. Cette anecdote est sans doute apocryphe : on sait aujourd'hui qu'il fit en fait rouler des objets de masses différentes sur un plan incliné et observa que leur vitesse augmentait à un rythme identique, en contradiction avec la prédiction d'Aristote.

Les critères énoncés plus haut sont évidemment subjectifs. Il est ainsi difficile de mesurer l'élégance même si elle importe énormément aux yeux des scientifiques, toujours à la recherche de lois de la nature aptes à résumer de la façon la plus économique possible un grand nombre de cas particuliers en un seul cas général. L'élégance se rapporte à la forme de la théorie, mais aussi au nombre de facteurs ajustables qu'elle contient car une théorie truffée de paramètres *ad hoc* perd de son élégance. Pour paraphraser Einstein, une théorie se doit d'être aussi simple que possible, mais pas trop. Ptolémée a dû ajouter les épicycloïdes aux orbites circulaires de ses corps célestes afin de rendre compte de leurs trajectoires. Le modèle aurait été plus précis encore s'il y avait ajouté des épicycloïdes sur les épicycloïdes, et encore des épicycloïdes par-dessus le marché. De fait, même si une complexité accrue implique une meilleure précision, les scientifiques n'apprécient que peu de devoir complexifier à outrance un modèle afin de coller à un ensemble spécifique d'observations car celui-ci apparaît alors plus comme un catalogue de données que comme une théorie procédant d'un principe général et puissant.

Nous verrons au chapitre 5 que beaucoup considèrent le « modèle standard », qui décrit les interactions entre particules élémentaires, comme inélégant. Pourtant, ses succès sont sans comparaison avec les épicycloïdes de Ptolémée. Le modèle standard a prédit avec succès pendant plusieurs dizaines d'années l'existence de particules nouvelles avant même qu'elles ne soient découvertes, ainsi que le résultat précis de nombreuses expériences. Mais il est affligé d'un défaut majeur : il contient des dizaines de paramètres ajustables que la théorie ne précise pas et dont il faut fixer les valeurs de manière *ad hoc* si l'on veut pouvoir coller aux observations.

Le quatrième critère est important car les scientifiques sont toujours impressionnés quand des prédictions novatrices et inattendues se révèlent exactes. Plus étonnant, même dans le cas contraire, il n'est pas rare de remettre en cause l'expérience plutôt que le modèle. En dernier recours, la répugnance à abandonner un modèle peut être telle qu'on préfère le sauver quitte à le modifier de façon substantielle. Finalement, s'ils sont capables d'une rare ténacité afin de sauver une théorie qu'ils admirent, l'ardeur des physiciens faiblit cependant à mesure que les altérations deviennent de plus en plus artificielles ou pénibles, autrement dit « inélégantes ».

Lorsque les modifications demandées deviennent par trop baroques, il est temps d'élaborer un nouveau modèle. Le concept d'Univers statique est l'exemple typique d'un vieux modèle qui a dû céder sous le poids des observations contraires. Dans les années 1920, la majorité des physiciens pensaient que l'Univers était statique, de taille constante. Or, en 1929, Edwin Hubble a publié ses observations décrivant un Univers en expansion. Hubble n'a pas constaté directement cette expansion, mais il a analysé la lumière émise par les galaxies. Cette lumière transporte une signature caractéristique, son spectre, qui dépend de la composition de la galaxie. Or ce spectre subit une modification spécifique lorsque la galaxie se déplace par rapport à nous. Par conséquent, en analysant les spectres de galaxies lointaines, Hubble a pu déterminer leurs vitesses relatives. Il s'attendait à trouver autant de galaxies s'éloignant de nous que de galaxies s'en rapprochant. Au lieu de cela, il a découvert que presque toutes les galaxies s'éloignaient de nous, et ce d'autant plus vite qu'elles étaient lointaines. Il en a conclu que l'Univers était en expansion. D'autres pourtant, se raccrochant obstinément à l'ancien dogme d'un Univers statique, ont tenté de trouver une autre explication. Le physicien Fritz Zwicky de Caltech[1] a par exemple suggéré que la lumière perdait progressivement de son énergie lorsqu'elle parcourait de grandes distances, cette atténuation entraînant une modification du spectre compatible avec les observations de Hubble. Durant des dizaines d'années ensuite, nombreux ont ainsi été les scientifiques à se cramponner à la théorie statique. Malgré tout, le modèle le plus naturel était celui de Hubble et il a fini par être universellement accepté.

Notre quête des lois qui gouvernent l'Univers nous a conduit à formuler toute une série de théories ou de modèles, de la théorie des quatre éléments à celle du Big Bang en passant par le modèle de Ptolémée ou la théorie phlogistique, et bien d'autres encore. Chaque fois, notre conception de la réalité et des constituants fondamentaux de l'Univers s'est modifiée. Prenons par exemple la théorie de la lumière. Newton pensait qu'elle était constituée de petites particules ou « corpuscules ». Cela permettait d'expliquer pourquoi elle voyageait en ligne droite mais aussi pourquoi elle se courbait ou se réfractait en changeant de

1. Abréviation pour California Institute of Technology (NdT).

Réfraction Le modèle newtonien de la lumière pouvait expliquer la déviation des rayons lumineux quand ils passent d'un milieu à un autre, mais pas un autre phénomène baptisé aujourd'hui « anneaux de Newton ».

milieu, en passant par exemple de l'air dans le verre ou de l'air dans l'eau.

La théorie des corpuscules ne permettait pas en revanche d'expliquer un phénomène que Newton lui-même avait observé, connu sous le nom d'anneaux de Newton. Posez une lentille sur une surface plate réfléchissante et éclairez sa face supérieure avec une lumière monochrome comme celle que produit une lampe au sodium. En regardant par-dessus, vous verrez apparaître une alternance d'anneaux concentriques clairs et sombres, tous centrés sur le point de contact entre la lentille et la surface plane. La théorie particulaire de la lumière est impuissante à expliquer ce phénomène tandis que la théorie ondulatoire en rend très bien compte.

Dans la théorie ondulatoire de la lumière, les anneaux clairs et sombres sont dus à un phénomène appelé interférence. Une onde, à l'instar de l'onde qui court à la surface de l'eau, consiste en une série de bosses et de creux. Quand deux ondes se rencontrent, les creux qui se rencontrent ou les bosses qui se rencontrent se renforcent mutuellement, amplifiant l'onde. On parle alors d'interférence constructive. On dit que les ondes sont « en phase ». À l'inverse, lors de la rencontre, il peut arriver que les creux de l'une des ondes correspondent aux bosses de l'autre et *vice versa*. Dans ce cas, les ondes s'annulent : on dit qu'elles sont « en opposition de phase ». On parle alors d'interférence destructive.

Dans les anneaux de Newton, les anneaux brillants sont situés aux endroits où la distante verticale entre la surface plane réfléchissante et la lentille correspond à un nombre entier (1, 2, 3,...) de longueurs d'onde, engendrant ainsi une interférence constructive. (La longueur d'onde est la distance entre deux bosses ou deux creux successifs de l'onde.) Les anneaux sombres en revanche sont situés aux endroits où la distance verticale entre la surface et la lentille correspond à un nombre demi-entier ($^1/_2$, 1 $^1/_2$, 2 $^1/_2$, ...) de longueurs d'onde, engendrant alors une interférence destructive – l'onde réfléchie par la lentille annulant celle réfléchie par la surface.

Au XIXe siècle, cet effet a servi à confirmer la théorie ondulatoire de la lumière, invalidant par là même la théorie

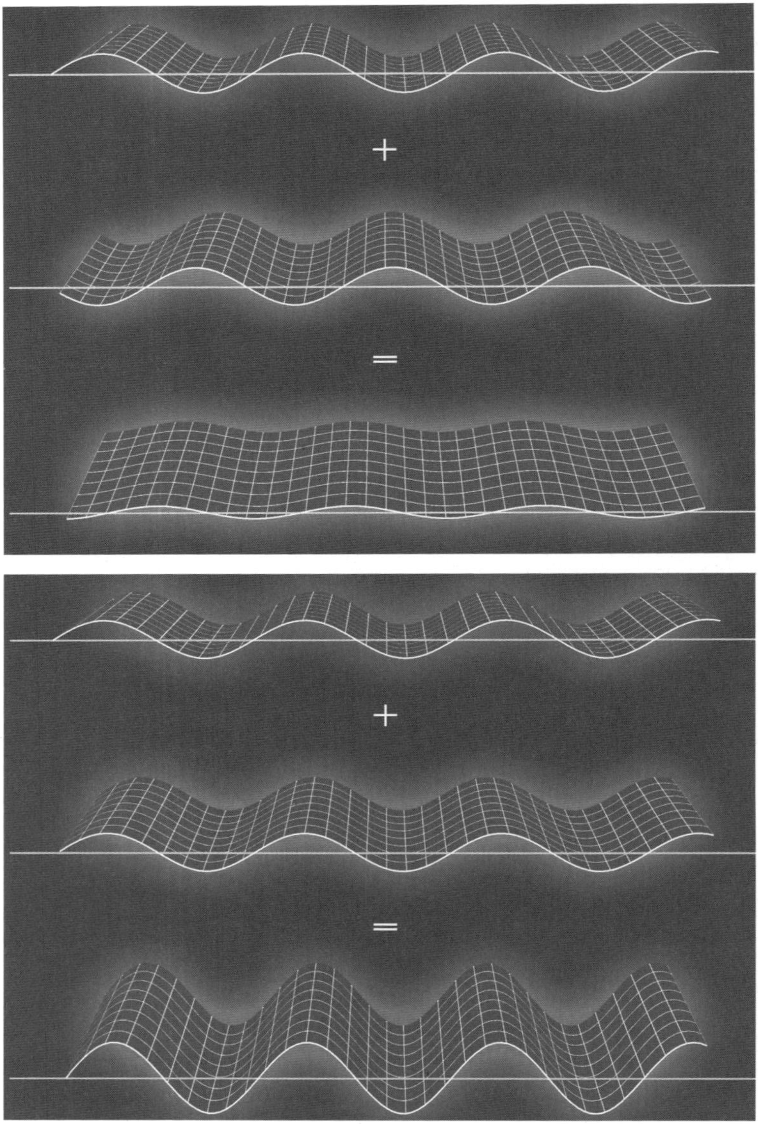

Interférences Tout comme des personnes, deux ondes qui se rencontrent ont tendance soit à se renforcer, soit à s'atténuer mutuellement.

particulaire. Einstein a pourtant démontré au début du XXe siècle que l'effet photoélectrique (utilisé aujourd'hui dans les téléviseurs et les appareils photo numériques) s'expliquait par le choc d'une particule de lumière, ou quantum, sur un atome, choc au cours duquel un électron est éjecté. La lumière se comporte donc à la fois comme une particule et comme une onde.

Le concept d'onde a sans doute vu le jour dans un esprit humain après qu'il eut observé l'océan ou la surface d'une mare quand on y jette un caillou. Mieux encore, si vous avez déjà lancé deux cailloux dans une mare, vous avez sans doute été le témoin d'interférences analogues à celles de la figure ci-après. Ce phénomène se produit également avec d'autres liquides, sauf peut-être le vin quand on en boit trop. Le concept de particule est quant à lui naturel pour qui observe des rochers, des cailloux ou du sable. Mais la dualité onde/particule – l'idée qu'un objet puisse être décrit tout à la fois comme particule ou comme onde – est aussi étrangère à notre sens commun que l'idée de boire un morceau de grès.

Les dualités de ce type – des situations dans lesquelles deux théories très différentes peuvent rendre compte avec précision du même phénomène – conviennent parfaitement au réalisme modèle-dépendant. Chaque théorie peut décrire et expliquer certaines propriétés mais aucune ne peut prétendre être meilleure ou plus réelle que l'autre. Appliqué aux lois qui régissent l'Univers, ce principe devient : il ne semble pas exister de modèle mathématique ou de théorie unique capable de décrire chaque aspect de l'Univers. Comme nous l'avons vu au premier chapitre, à

Interférences à la surface de l'eau Le concept d'interférences se manifeste dans la vie courante sur des étendues d'eau, des plus petites mares jusqu'aux océans.

cette théorie unique se substitue un réseau entier de théories baptisé M-théorie. Chaque théorie de ce réseau permet de décrire une certaine gamme de phénomènes. Dans les cas où ces gammes se recouvrent, les théories concordent ce qui permet de considérer qu'elles forment ensemble un tout cohérent. Mais aucune théorie du réseau ne peut prétendre décrire à elle seule chaque aspect de l'Univers – toutes les forces de la nature, toutes les particules soumises à ces forces ainsi que le cadre spatio-temporel qui les englobe. Si cette situation ne comble pas le rêve traditionnel des physiciens d'une théorie unifiée unique, elle n'en est pas moins acceptable dans le cadre du réalisme modèle-dépendant.

Nous discuterons en détail de la dualité et de la M-théorie au chapitre 5, mais nous devons auparavant nous pencher sur un principe fondamental de la physique contemporaine : la théorie quantique et plus particulièrement l'approche dite des histoires alternatives. Cette formulation nous dit que l'Univers ne suit pas une existence ou une histoire unique, mais que toutes les versions possibles de l'Univers coexistent simultanément au sein de ce que l'on appelle une superposition quantique. Voilà qui peut sembler au premier abord aussi choquant que la théorie de la table qui disparaît quand on quitte la pièce. Pourtant, cette approche a passé avec succès tous les tests expérimentaux auxquels elle a pu être soumise.

4

DES HISTOIRES ALTERNATIVES

En 1999, une équipe de physiciens autrichiens a expédié des molécules en forme de ballons de football contre une barrière. Elles sont composées chacune de soixante atomes de carbone et on les appelle également fullerènes[1] en référence à l'architecte Buckminster Fuller qui imagina des immeubles de forme analogue. Les dômes géodésiques de Fuller représentent sans doute les plus grands objets jamais réalisés en forme de ballon de football. Les fullerènes sont les plus petits. Par ailleurs, la barrière bombardée par ces scientifiques était percée de deux fentes qui laissaient passer les molécules. Celles qui réussissaient à traverser étaient alors détectées et comptabilisées par une sorte d'écran placé de l'autre côté.

Si on voulait réaliser la même expérience avec de vrais ballons de football, il faudrait trouver un joueur très peu précis mais capable d'envoyer la balle de façon répétée toujours à la vitesse désirée. Il serait alors placé face à une très grande cage dont il serait séparé par un mur percé de deux

1. De façon amusante, en anglais, le prénom a été préféré au nom et ces molécules sont appelées *buckyballs* (NdT).

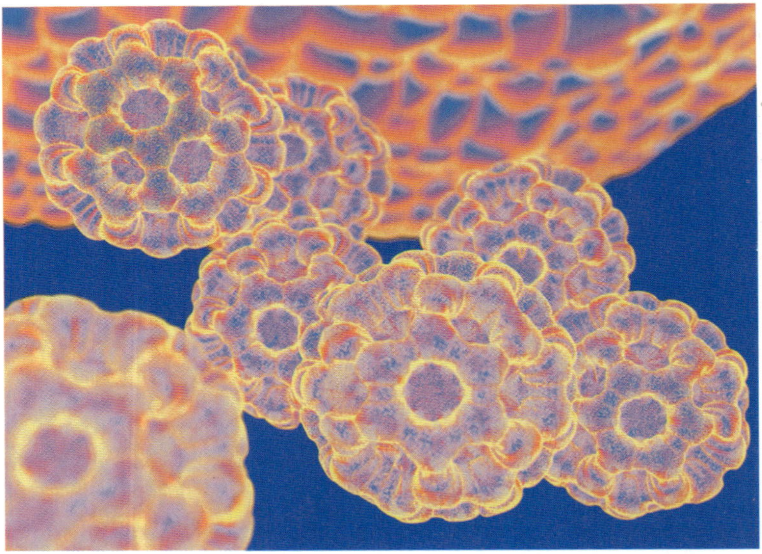

Fullerènes Les fullerènes sont comme de microscopiques ballons de football composés d'atomes de carbone.

fentes verticales. La plupart de ses tirs rebondiraient sur le mur après l'avoir heurté, mais certains, passant par l'une des ouvertures, termineraient dans les filets. Des ouvertures à peine plus larges que le ballon aboutiraient à la formation de deux faisceaux très directionnels de l'autre côté du mur. En élargissant légèrement ces ouvertures, on obtiendrait un évasement des faisceaux, comme on peut le voir sur la figure ci-contre.

Remarquez que si l'on bouche l'une des fentes, le faisceau qui en est issu disparaît sans que cela affecte en rien l'autre faisceau. Si on rouvre cette fente, on ne fait alors qu'augmenter le nombre de ballons reçus en chaque point du filet : tous les ballons issus de la fente nouvellement

Football à travers une double fente Un joueur de football tirant à travers les fentes d'un mur produirait une structure évidente.

recréée viennent s'ajouter à celle demeurée intacte. En d'autres termes, lorsque les deux fentes sont ouvertes, ce que l'on observe sur le filet est la somme des arrivées correspondant à chacune des fentes ouvertes séparément. Rien de surprenant dans la vie courante. Et pourtant, ce n'est pas ce que les chercheurs autrichiens ont observé lorsqu'ils ont envoyé leurs molécules.

Dans les expériences autrichiennes, l'ouverture de la seconde fente a effectivement accru le nombre de molécules arrivant en certains points de l'écran, mais elle a eu aussi pour effet de diminuer ce nombre en d'autres points, comme on peut le voir dans la figure ci-dessous. En fait, une fois les deux fentes ouvertes, certains points

Football avec des fullerènes Lorsqu'on tire des ballons de football moléculaires à travers les fentes d'un écran, la structure qui en résulte révèle la nature étrange des lois quantiques.

de l'écran ne recevaient plus aucune molécule alors même qu'ils en recevaient avec une seule fente. Voilà une chose très étrange ! Comment peut-on, en créant une nouvelle ouverture, réduire le nombre de molécules arrivant en un point ?

Pour le comprendre, examinons le problème en détail. Dans l'expérience, on observe une proportion importante de molécules venant heurter l'écran exactement à mi-chemin entre les deux points d'arrivée principaux correspondant à chacune des fentes. Si l'on s'écarte légèrement de ce point central le long de l'écran, le nombre de molécules incidentes diminue fortement puis remonte à nouveau à une certaine distance. Or cette répartition n'est pas la somme des distributions d'arrivée correspondant à une seule fente ouverte séparément. En revanche, vous pouvez reconnaître la figure caractéristique d'une interférence entre ondes dont nous avons parlé au chapitre 3. Les zones où l'on n'observe aucune molécule correspondent aux régions où les ondes provenant des deux fentes arrivent en opposition de phase, créant alors une interférence destructive ; à l'inverse, les zones où les molécules arrivent en nombre correspondent aux régions où les ondes sont en phase et donc créent une interférence constructive.

Pendant deux mille ans d'histoire de la pensée scientifique, l'expérience quotidienne et l'intuition ont constitué le fondement de l'explication théorique. Les progrès de la technique aidant, nous avons pu étendre le champ des phénomènes observés. Nous avons alors progressivement découvert que la nature, à l'instar des fullerènes, ne se comporte pas comme notre expérience quotidienne ou notre bon sens nous le soufflent. L'expérience sur les fullerènes est typique de ces phénomènes qui échappent à la science classique et ne peuvent s'expliquer que dans le cadre de la physique dite quantique. Mieux encore, si l'on en croit Richard Feynman, l'expérience de la double fente telle que nous venons de la décrire « renferme en elle tout le mystère de la mécanique quantique ».

Les principes de la physique quantique ont été développés durant les premières décennies du XXe siècle, alors que la théorie newtonienne se révélait incapable de décrire la nature à l'échelle atomique ou subatomique. Les théories fondamentales de la physique décrivent les forces de la nature et leur action sur les objets. Les théories classiques comme celle de Newton sont fondées sur l'expérience quotidienne dans laquelle les objets matériels ont une existence propre, sont localisables avec précision, suivent des trajectoires bien définies, etc. La physique quantique permet quant à elle de comprendre comment fonctionne la nature aux échelles atomique et subatomique mais, comme nous le verrons plus loin, elle s'appuie sur un cadre conceptuel totalement différent dans lequel la position, la trajectoire et même le passé et l'avenir d'un objet ne sont pas précisément déterminés. Et c'est dans ce cadre également que sont formulées les théories quantiques des interactions comme la gravitation ou l'interaction électromagnétique.

Des théories qui reposent sur des cadres conceptuels aussi éloignés de notre ressenti quotidien peuvent-elles également expliquer les événements de la vie ordinaire comme le faisait si bien la physique classique ? La réponse est positive, car notre environnement et nous sommes des structures composites constituées d'un nombre inimaginable d'atomes qui dépasse le nombre d'étoiles dans l'Univers observable. Bien que ces atomes élémentaires obéissent aux principes de la physique quantique, on peut montrer que les grands assemblages que sont les ballons de football, les navets et les avions de ligne – ainsi que nous par la même occasion – s'arrangent pour ne pas diffracter à travers des fentes. En conséquence, même si les constituants des objets de la vie courante sont quantiques, les lois de Newton forment une théorie effective qui décrit avec une grande précision les structures complexes qui forment notre environnement quotidien.

Aussi étrange que cela puisse paraître, il arrive très souvent en science qu'un assemblage important se comporte très différemment de ses composants individuels. Ainsi, les réponses d'un neurone unique ne ressemblent en rien à celles du cerveau humain ; de même, connaître le comportement d'une molécule d'eau ne vous dira pas grand-chose sur celui d'un lac entier. Et si les physiciens s'évertuent encore à comprendre comment les lois de Newton peuvent émerger du monde quantique, nous savons en revanche que les constituants élémentaires obéissent aux lois de la physique quantique tandis que la physique newtonienne est une très bonne approximation du comportement des objets macroscopiques.

Les prédictions de la théorie newtonienne rendent ainsi compte de la vision de la réalité tirée du monde qui nous entoure. À l'inverse, les atomes individuels et les molécules opèrent de façon profondément différente de notre expérience quotidienne. La physique quantique est donc un nouveau modèle de réalité qui se traduit par une image différente de l'Univers, une image dans laquelle de nombreux concepts fondamentaux issus de notre intuition de la réalité n'ont plus aucune signification.

L'expérience de la double fente avec des particules a été réalisée pour la première fois en 1927 par Clinton Davisson et Lester Germer. Ces deux physiciens des laboratoires Bell étudiaient l'interaction d'un faisceau d'électrons – objets bien plus simples que les fullerènes – avec un cristal de nickel. Que des particules de matière telles que les électrons puissent se comporter comme des ondes à la surface de l'eau a constitué l'une des expériences fondatrices de toute la physique quantique. Ce comportement n'étant pas observé à l'échelle macroscopique, les scientifiques se sont longtemps demandé jusqu'à quelle taille et quel niveau de complexité un objet pouvait présenter de telles propriétés ondulatoires. Ça se saurait si l'on pouvait observer un tel effet avec des gens ou des hippopotames mais, comme on l'a vu, plus l'objet est gros et moins les effets quantiques sont généralement visibles et robustes. Il y a donc peu de chances pour que les animaux du zoo passent à travers les barreaux de leur cage comme des ondes. Pourtant, les tailles des particules pour lesquelles ce type de comportement a été mis en évidence expérimentalement ne cessent de croître. Les scientifiques espèrent pouvoir reproduire un jour l'expérience des fullerènes avec des virus. Or ces objets sont non seulement beaucoup plus gros, mais ils sont également considérés comme appartenant au règne du vivant.

Pour comprendre les arguments qui seront développés au cours des chapitres à venir, seules quelques notions fondamentales de physique quantique sont nécessaires. L'une d'elles est la dualité onde/particule. Le fait que des particules matérielles puissent se comporter comme des ondes a constitué une surprise totale. Or le fait que la lumière se comporte comme une onde ne surprend plus personne. Le caractère ondulatoire de la lumière nous semble un fait naturel et acquis depuis plus de deux cents ans. Si vous éclairez les deux fentes de l'expérience précédente avec un faisceau lumineux, deux ondes émergeront de l'autre côté pour se rencontrer sur l'écran. À certains endroits, les creux ou les bosses de ces ondes vont coïncider pour former des zones brillantes tandis qu'à d'autres endroits, les creux d'une onde coïncideront avec les bosses de l'autre et formeront des zones sombres. Le physicien anglais Thomas Young, en réalisant cette expérience au début du XIXe siècle, a réussi à convaincre ses contemporains de la nature ondulatoire de la lumière, s'opposant ainsi à la théorie de Newton qui la pensait constituée de particules.

Expérience des fentes de Young La structure produite par les fullerènes se rencontre classiquement en théorie ondulatoire de la lumière.

On pourrait en conclure que ce dernier avait tort de prétendre que la lumière n'est pas une onde ; et pourtant, il avait raison d'affirmer qu'elle se comporte comme si elle était constituée de particules, que nous appelons aujourd'hui des photons. De même que nous sommes formés d'un très grand nombre d'atomes, la lumière de tous les jours est composite, car elle est composée d'un très grand nombre de photons – même une simple veilleuse d'un watt en émet un milliard de milliards par seconde. Si l'on n'observe pas de photon individuel dans la vie courante, on est cependant capable de produire en laboratoire une lumière si faible qu'elle consiste en un flux de photons individuels que l'on peut détecter un par un, tout comme on détecte des électrons ou des fullerènes. On peut alors reproduire l'expérience des fentes de Young en utilisant un faisceau suffisamment faible pour que les photons arrivent sur la barrière un par un, à des intervalles de quelques secondes. Si l'on effectue cette expérience et que l'on additionne tous les impacts individuels enregistrés sur l'écran situé derrière la barrière, on s'aperçoit qu'ensemble, ils reforment le même schéma d'interférences que l'on aurait obtenu par l'expérience de Davisson-Germer avec des électrons (ou des fullerènes) envoyés un par un. Pour les physiciens, ce fut une révélation incroyable : si des particules individuelles arrivent à interférer avec elles-mêmes, cela signifie que la nature ondulatoire n'est pas seulement une propriété du faisceau ou d'un grand nombre de photons, mais une propriété des particules elles-mêmes.

Un autre pilier de la physique quantique est le principe d'incertitude, formulé par Werner Heisenberg en 1926. Ce principe stipule qu'il y a des limites à notre capacité à déterminer de façon simultanée certaines quantités comme la position et la vitesse d'une particule. Ainsi, d'après le principe d'incertitude, si vous multipliez l'incertitude sur la position d'une particule par l'incertitude sur sa quantité de mouvement (son impulsion), le résultat obtenu ne peut jamais être inférieur à une certaine quantité fixée appelée constante de Planck. C'est un peu compliqué à formuler, mais l'idée essentielle est assez simple : plus la mesure de la vitesse est précise, moins celle de la position l'est, et *vice versa*. Par exemple, si vous diminuez de moitié l'incertitude sur la position, vous devez doubler l'incertitude sur la vitesse. Il est important de remarquer aussi que, comparée aux unités de mesure de la vie courante telles que les mètres, kilogrammes ou secondes, la constante de Planck est très petite. En fait, traduite dans ces unités de mesure, sa valeur est de 6/10 000 000 000 000 000 000 000 000 000000 000. Par conséquent, si vous localisez un objet macroscopique comme un ballon de football dont la masse est de 300 grammes avec une précision de 1 millimètre dans toutes les directions, vous pouvez toujours mesurer sa vitesse avec une précision bien supérieure à un milliardième de milliardième de milliardième de kilomètre par heure. Cela vient du fait que, toujours dans ces unités, la masse du ballon est 1/3 et l'incertitude sur sa position 1/1 000. Comme aucun de ces deux nombres ne peut contribuer de façon significative au nombre de zéros qui apparaissent dans la constante de Planck, le rôle en revient à l'incertitude sur la vitesse. En revanche, toujours dans les mêmes unités, l'électron a une masse de 0,0000 000000000000000000000001, ce qui crée une situation toute différente. Si l'on mesure la position d'un électron avec une précision d'environ la taille d'un atome, le principe d'incertitude nous interdit de déterminer sa vitesse à 1 000 kilomètres par seconde près, ce qui est tout sauf précis.

« Si c'est correct, alors tout ce que nous pensions être des ondes est en fait des particules, et tout ce que nous pensions être des particules est en fait des ondes. »

En physique quantique, peu importe la quantité d'informations obtenues ou notre capacité de calcul, les issues des processus physiques ne peuvent être prédites avec certitude car elles ne sont pas *déterminées* avec certitude. Au lieu de cela, à partir d'un état initial donné, la nature détermine l'état futur d'un système *via* un processus fondamentalement aléatoire. En d'autres termes, la nature ne dicte pas l'issue d'un processus ou d'une expérience, même dans la plus simple des situations, mais elle autorise un certain nombre de choix possibles, chacun ayant une probabilité de se produire. Tout se passe comme si, pour paraphraser Einstein, Dieu jouait aux dés avant de décider du résultat de tout processus physique. Cette idée a beaucoup préoccupé Einstein et a justifié ultérieurement son attitude très critique envers la physique quantique bien qu'il en eût été l'un des pères fondateurs.

On pourrait croire à tort que la physique quantique sape l'idée selon laquelle la nature est gouvernée par des lois. En réalité, elle nous oblige à accepter une nouvelle forme de déterminisme : si l'on considère l'état d'un système à un instant donné, les lois de la nature déterminent non pas le futur et le passé avec certitude, mais les *probabilités* des futurs et passés possibles. Bien que cela déplaise à certains, les scientifiques doivent accepter les théories qui rendent compte des faits et non celles qui collent à leurs idées préconçues.

La science exige d'une théorie qu'on puisse la tester. Si la nature probabiliste des prédictions de la physique quantique entraînait une impossibilité de confirmer ces prédictions, alors les théories quantiques ne pourraient être considérées comme valides. Pourtant, en dépit de la nature probabiliste de leurs prédictions, on peut tester les théories quantiques. Par exemple, on peut répéter une même expérience à de nombreuses reprises et confirmer que la fréquence d'apparition des résultats possibles concorde avec les probabilités prédites. Prenons par exemple l'expérience des fullerènes. La physique quantique nous dit qu'aucun objet ne peut être localisé avec précision en un point unique car si c'était le cas, l'incertitude sur sa quantité de mouvement serait alors infinie. En réalité, en physique quantique, toute particule a une probabilité non nulle de se retrouver n'importe où dans l'Univers. Donc, même s'il y a une très grande chance de trouver un électron dans la double fente, il existe toujours une probabilité de le trouver également de l'autre côté d'Alpha du Centaure ou dans votre hachis Parmentier à la cantine. Par conséquent, si vous lancez un fullerène et que vous le laissez évoluer, aucune science ou technologie au monde ne vous permettra de prédire exactement son point d'arrivée. Mais si vous répétez à de multiples reprises la même expérience, les résultats finiront par refléter la distribution des probabilités d'arrivée de la molécule prédite par la théorie. Cette propriété a fait l'objet de nombreuses confirmations expérimentales.

Il est important de comprendre que les probabilités de la physique quantique ne sont pas identiques à celles de la physique newtonienne ou à celles de la vie courante. On peut les comprendre en comparant la structure des arrivées de fullerènes sur l'écran à la structure des trous créés par des joueurs de fléchettes autour du centre d'une cible. À moins d'avoir abusé de la bière, les probabilités d'impact sont plus grandes près du centre de la cible et diminuent lorsque l'on s'en écarte. Tout comme les fullerènes, une fléchette peut arriver en n'importe quel point. Avec le temps, la distribution des impacts fait peu à peu émerger les probabilités sous-jacentes. Dans la vie courante, on peut rendre compte de cette situation en disant qu'une fléchette a une certaine probabilité d'arriver en un point donné ; à l'inverse du cas des fullerènes, cette expression n'est cependant qu'une traduction de notre connaissance incomplète des conditions de lancer. On pourrait améliorer notre description si l'on savait exactement de quelle façon le joueur lance la fléchette, son angle, son effet, sa vitesse, et ainsi de suite. En principe, nous pourrions alors prédire le point d'impact de la fléchette avec une précision arbitraire. Notre emploi d'un vocabulaire probabiliste pour décrire l'issue d'événements quotidiens n'est donc pas un reflet de la nature intrinsèque du processus mais seulement de notre ignorance de certains de ses aspects.

Les probabilités de la théorie quantique sont bien différentes. Elles reflètent un aléa fondamental de la nature. Le modèle quantique du monde comporte des principes qui non seulement contredisent notre expérience quotidienne mais également notre intuition de la réalité. Que ceux qui trouvent ces principes bizarres ou difficiles à avaler se rassurent, ils sont en bonne compagnie : de grands physiciens comme Einstein ou même Feynman, dont nous présenterons bientôt la description de la théorie quantique, ont eu des doutes similaires. Feynman écrivait ainsi : « Je pense pouvoir dire sans trop me tromper que personne ne comprend la mécanique quantique. » Il n'empêche : la physique quantique s'accorde avec les observations. Elle n'a jamais failli à aucun des tests auxquels elle a été soumise, plus qu'aucune autre théorie dans l'histoire des sciences.

Dans les années 1940, intrigué par l'émergence de la figure d'interférences, Richard Feynman a proposé une façon remarquable de formuler la différence entre les mondes quantique et newtonien. Il faut tout d'abord se souvenir que la figure qui apparaît lorsque les deux fentes sont ouvertes n'est pas la somme des deux figures obtenues en ouvrant chaque fente séparément. Au lieu de cela, on observe une série de bandes claires et obscures, ces dernières correspondant aux régions qui ne reçoivent aucune particule. En d'autres termes, des particules qui arriveraient dans une de ces zones lorsqu'une seule fente est ouverte, n'y arrivent plus une fois les deux fentes ouvertes. Tout se passe comme si, au cours de leur trajet vers l'écran, ces particules acquéraient une information sur les fentes. Ce type de comportement est totalement contraire à notre vécu quotidien dans lequel un ballon poursuivrait sa trajectoire à travers l'une des fentes sans être influencé aucunement par l'état de l'autre fente.

Dans la physique newtonienne – et dans l'expérience telle qu'elle se déroulerait si on la réalisait avec des ballons au lieu de molécules –, chaque particule suit une trajectoire bien définie depuis la source jusqu'à l'écran. Rien ne permet dans ce cadre à une particule de musarder pour aller explorer les environs de chacune des fentes. Dans le modèle quantique en revanche, la particule n'a pas de position définie pendant la période comprise entre son point de départ et son arrivée. Feynman a compris que l'on n'était pas obligé d'interpréter cela comme une *absence* de trajectoire des particules entre la source et l'écran. Bien au contraire, on pouvait tout aussi bien imaginer que les particules suivent *toutes* les trajectoires possibles entre ces deux points. Pour Feynman, c'est là la différence profonde entre physique quantique et physique newtonienne. Si l'état des deux fentes importe, c'est que, loin de suivre une trajectoire bien précise, les particules empruntent toutes les trajectoires possibles et elles le font *simultanément* ! Ça ressemble à de la science-fiction, mais ça n'en est pas. En partant de cette idée, Feynman a élaboré une formulation qui la traduit en termes mathématiques – la somme sur toutes les histoires – et qui permet de retrouver toutes les lois de la physique quantique. Dans la théorie de Feynman, à la fois les mathématiques et l'image physique apparaissent différentes de ce qu'elles sont dans la formulation originelle de la physique quantique mais les prédictions qui en découlent sont identiques.

Dans l'expérience de la double fente, l'approche de Feynman revient à dire que les particules empruntent non seulement des trajectoires qui traversent l'une seule des deux fentes, mais aussi des trajectoires qui passent par la première fente, reviennent par la seconde puis repassent à nouveau par la première ; ou encore des trajectoires qui passent par le restaurant de spécialités au curry, vont faire quelques tours autour de Jupiter avant de revenir ici ; et même des trajectoires qui visitent l'Univers entier. Selon Feynman, c'est ainsi que la particule peut savoir quelles fentes sont ouvertes : si une fente est ouverte, elle peut emprunter les trajectoires qui traversent cette dernière. Quand les deux fentes sont ouvertes, les chemins qui passent par une fente peuvent interagir avec ceux qui passent par l'autre fente, engendrant ainsi une interférence. La formulation de Feynman peut sembler complètement folle mais, pour la majorité des situations rencontrées en physique moderne – tout comme pour celles que nous examinerons dans cet ouvrage –, elle s'est avérée plus utile que la formulation originale.

Vu le rôle crucial que joue l'approche de la réalité quantique par Feynman dans les théories que nous présenterons, nous allons consacrer un peu de temps à comprendre son fonctionnement. Imaginez un processus simple dans lequel une particule part d'un point donné A et se déplace

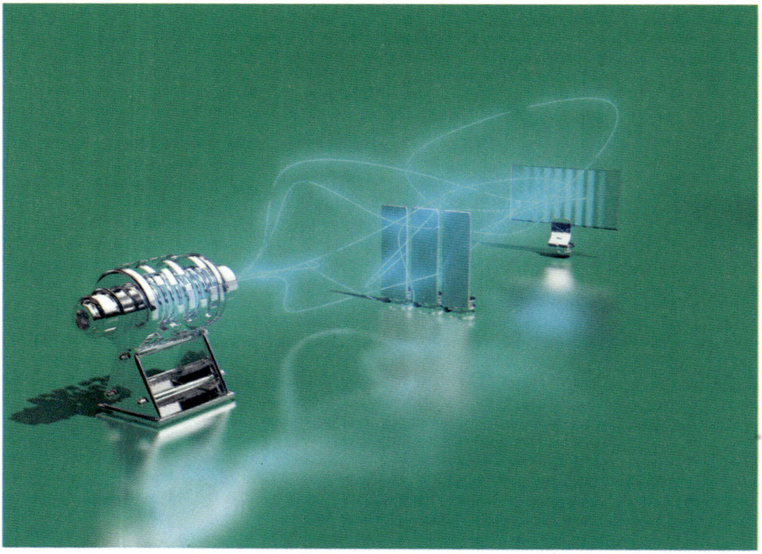

Chemins de particules La formulation de Feynman de la théorie quantique nous illustre la raison pour laquelle des particules comme les fullerènes et les électrons produisent des figures d'interférences lorsqu'elles sont émises à travers les fentes d'un écran.

librement. Dans le modèle newtonien, la particule suit une trajectoire rectiligne. Après un certain temps, la particule se trouve en un nouveau point B de cette droite. Dans le modèle de Feynman, une particule quantique échantillonne tous les chemins qui relient A à B, chaque chemin étant caractérisé par un nombre appelé phase. Cette phase représente la position sur une période de l'onde : en d'autres termes, elle permet de déterminer si l'on se trouve au sommet de l'onde, en un creux ou à un endroit intermédiaire. En utilisant la formulation mathématique élaborée par Feynman pour calculer cette phase, on montre qu'en additionnant toutes ces phases sur tous les chemins, vous obtenez l'« amplitude de probabilité » que la particule partant de A atteigne B. Le carré de cette amplitude de probabilité donne alors la probabilité exacte de trouver la particule en B.

On peut se représenter la phase de chaque chemin contribuant à la somme de Feynman (et donc à la probabilité d'aller de A en B) comme une flèche de longueur fixée mais pouvant pointer dans n'importe quelle direction. Pour additionner deux phases, vous placez la flèche représentant l'une des phases à la suite de la flèche représentant l'autre. En reliant l'origine de la première flèche à la pointe de la deuxième, vous dessinez ainsi une nouvelle flèche qui représente leur somme. Pour continuer à ajouter des phases, vous itérez simplement ce procédé. Notez que lorsque les phases pointent dans la même direction, la flèche résultante peut être relativement longue. En revanche, lorsqu'elles pointent dans des directions très différentes, elles ont tendance à s'annuler ce qui débouche sur une flèche minuscule, voire pas de flèche du tout. Cette sommation des phases est décrite dans les illustrations ci-après.

La formule de Feynman permet de calculer la probabilité d'aller d'un point A à un point B en additionnant toutes les phases, ou toutes les flèches, associées à chacun des chemins reliant A à B. Il en existe un nombre infini, ce qui rend les mathématiques un peu compliquées, mais ça marche. Certains des chemins sont représentés plus bas.

La théorie de Feynman nous fournit ainsi une image particulièrement claire de la façon dont un monde newtonien peut émerger d'une physique quantique pourtant très

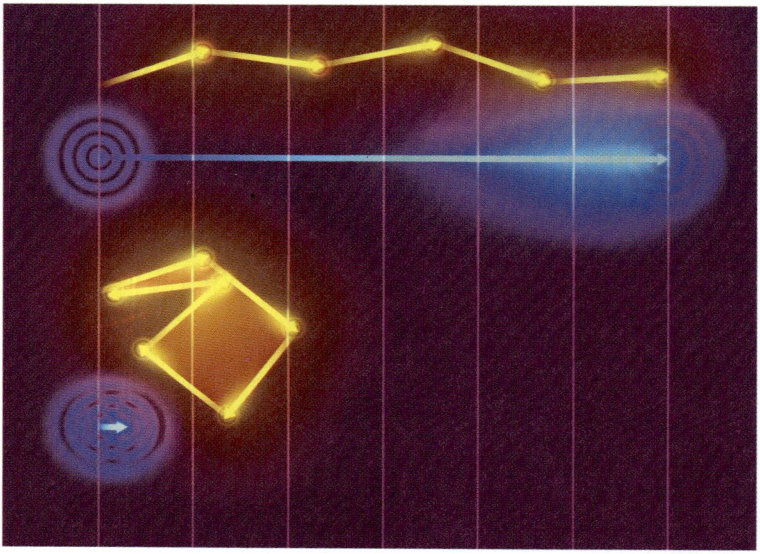

Addition de chemins de Feynman Les effets de différents chemins de Feynman peuvent soit se renforcer, soit s'atténuer mutuellement à la manière des ondes. Les flèches jaunes représentent les phases que l'on additionne. Les lignes bleues représentent leurs sommes qui partent de la queue de la première flèche pour finir à la pointe de la dernière. Dans l'image du bas, les flèches pointent dans des directions différentes ce qui donne une résultante, la ligne bleue, très petite.

différente. Selon cette théorie, les valeurs des phases associées à chaque chemin dépendent de la constante de Planck. La théorie nous dit que, due à l'extrême faiblesse de la constante de Planck, les phases de chemins proches varient très vite et donc leurs contributions tendent à s'annuler lorsqu'on les additionne, comme on peut le voir dans la figure ci-contre. Pourtant, la même théorie nous dit aussi que, pour certains chemins particuliers, les phases ont tendance à s'aligner ce qui va favoriser ces derniers. Autrement dit, ces chemins contribuent de façon plus importante au comportement observé de la particule. Il s'avère que, pour les objets de grande taille, les chemins très semblables à celui prédit par la théorie newtonienne ont des phases très proches. Ces dernières s'accumulent donc, contribuant majoritairement à la somme et concentrant ainsi les probabilités significativement non nulles autour de la destination prédite par la théorie newtonienne. La probabilité de cette destination est alors proche de un. En définitive, les objets macroscopiques se déplacent effectivement comme le prédit la théorie de Newton.

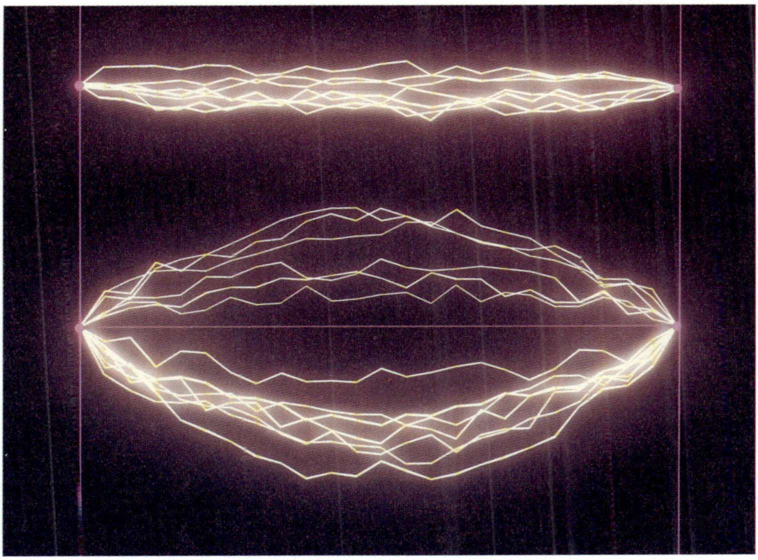

Les chemins de A à B Le chemin « classique » qui relie deux points est une ligne droite. Les phases des chemiwns proches du chemin classique tendent à se renforcer mutuellement tandis que celles des chemins plus éloignés tendent à s'annuler.

Jusqu'à présent, nous avons examiné les idées de Feynman dans le contexte de l'expérience des fentes de Young. Dans cette expérience, des particules sont envoyées à travers un mur percé de deux ouvertures et viennent heurter un écran sur lequel on mesure leurs points d'impact. Plus généralement, la théorie de Feynman nous permet de prédire le comportement non seulement d'une particule mais également celui d'un « système » qui peut être une particule, un ensemble de particules ou même l'Univers tout entier. Entre l'état initial du système et nos mesures finales, les propriétés de ce système évoluent suivant ce que les physiciens appellent son « histoire ». Ainsi, dans l'expérience des fentes de Young, l'histoire de la particule est simplement une trajectoire. À l'instar de cette expérience où la probabilité d'observer un impact de particule en un point quelconque dépend de l'ensemble des chemins qui y aboutissent, Feynman a montré que, pour un système quelconque, la probabilité d'une observation se construit à partir de toutes les histoires possibles qui ont pu mener à cette observation. Pour cette raison, on appelle cette méthode la formulation en « somme sur les histoires » ou en « histoires alternatives » de la physique quantique.

Maintenant que nous avons mieux compris l'approche de la physique quantique par Feynman, il est temps de se pencher sur un autre principe quantique clé que nous utiliserons par la suite – l'influence de l'observation sur l'évolution d'un système. Est-il possible d'observer discrètement sans interférer, comme lorsque votre chef a une tache de moutarde sur le menton ? La réponse est non. En physique quantique, il est impossible de demeurer « simple » observateur. Plus précisément, la physique quantique nous dit que, pour réaliser une observation, vous devez interagir avec l'objet que vous étudiez. Par exemple, pour voir un objet au sens traditionnel du terme, nous l'éclairons. Éclairer une citrouille n'a évidemment qu'un effet limité sur elle. En revanche, éclairer même faiblement une minuscule particule quantique – c'est-à-dire, la bombarder de photons – est loin d'être anodin. Toutes les expériences réalisées montrent ainsi qu'une telle observation altère les mesures ultérieures effectuées sur le système, exactement comme la physique quantique le prédit.

Supposons par exemple que nous envoyions un faisceau de particules sur la barrière dans l'expérience des fentes de Young afin de collecter des données de mesure sur le premier million de particules à traverser. Si l'on reporte le nombre de particules qui arrivent en chaque point de l'écran de détection, nous verrons se former les franges d'interférences décrites page 80. De plus, en additionnant les phases associées à tous les chemins possibles depuis un point de départ A jusqu'à un point d'arrivée B, nous verrons que les probabilités d'arrivée en chaque point ainsi calculées correspondent aux fréquences d'arrivée mesurées.

Supposons maintenant que l'on répète l'expérience, mais en éclairant cette fois les fentes de manière à savoir en quel point intermédiaire C chaque particule est passée (C est donc la position de l'une ou l'autre des fentes). Nous avons là une information dite « de chemin » car elle nous renseigne sur le chemin emprunté par la particule de A vers B : soit *via* la fente 1, soit *via* la fente 2. Comme nous savons maintenant par quelle fente la particule est passée, les chemins contribuant à la somme pour cette particule sont uniquement ceux qui passent soit par la fente 1 (dans le cas où on a observé la particule dans la fente 1), soit par la fente 2. La somme ne comportera jamais des chemins qui passent l'un par une fente et l'autre par l'autre. Or, d'après Feynman, les franges d'interférences sont dues au fait que les chemins qui passent à travers une fente interfèrent avec ceux qui passent par l'autre fente. Par conséquent, si vous éclairez pour déterminer par quelle fente passe la particule, vous éliminez l'autre option, vous détruisez l'interférence et donc les franges. Et, effectivement, quand on effectue cette expérience, éclairer le système transforme la figure d'interférences de la page 80 en une figure d'impacts semblable à celle de la page 79 ! Qui plus est, nous pouvons raffiner l'expérience en utilisant une lumière si faible qu'elle n'interagit pas avec toutes les particules. Dans ce cas, on n'obtient des informations de chemin que sur un sous-ensemble de toutes les particules. Si maintenant on sépare les données d'impact selon que l'on a ou pas obtenu cette information de chemin, on trouve que les données correspondant au sous-ensemble sans information forment une figure d'interférences qui disparaît en revanche chez celles correspondant au sous-ensemble avec information.

Cela a pour conséquence de profondément modifier notre conception du « passé ». Dans la théorie newtonienne, on suppose que le passé existe comme une suite d'événements bien définie. Si vous retrouvez votre vase favori, rapporté d'Italie l'an dernier, en pièces sur le sol et votre petit dernier avec un air coupable juste à côté, vous pouvez assez aisément retracer l'enchaînement des événements qui a abouti à cette situation : les petits doigts qui laissent échapper le vase, puis celui-ci qui tombe pour finalement exploser en mille morceaux au contact du sol. En fait, si vous avez une connaissance complète des données du présent, les lois de Newton vous permettent de reconstituer intégralement le passé. Cela s'accorde avec notre perception intuitive du monde qui, joyeux ou malheureux, a un passé bien défini. Même si personne n'était là pour le voir, ce passé existe aussi sûrement que si vous l'aviez pris en photo. En revanche, on ne peut affirmer d'un fullerène quantique qu'il a suivi une trajectoire bien définie pour aller de la source à l'écran. On peut préciser sa localisation en l'observant, mais entre chacune de ces observations, le fullerène peut suivre tous les chemins. La physique quantique nous dit donc que, quelle que soit la précision avec laquelle nous observons le présent, le passé (que nous n'avons pas observé) est, à l'instar du futur, indéfini et n'existe que comme un spectre de possibilités. L'Univers, en physique quantique, n'a pas un passé ou une histoire unique.

Ce flou qui entoure le passé implique que les observations réalisées sur un système au présent affectent son passé. Un type d'expérience élaborée par le physicien John Wheeler, baptisée expérience à choix retardé, a permis de mettre en lumière de façon assez remarquable cet effet. Schématiquement, une expérience à choix retardé est semblable à une expérience de fentes de Young dans laquelle vous pouvez choisir d'observer le chemin emprunté par les particules. La seule différence est que vous reportez votre décision d'observer ou non juste après l'impact de la particule sur l'écran.

Les résultats obtenus dans des expériences à choix retardé sont identiques à ceux constatés lorsque l'on choisit d'observer (ou de ne pas observer) l'information de chemin en regardant directement les fentes elles-mêmes. Mais, dans ce cas, le chemin emprunté par chaque particule – c'est-à-dire son passé – est déterminé longtemps après qu'elle a traversé les fentes et donc longtemps après qu'elle a « décidé » de traverser une seule fente, ce qui ne produit pas d'interférence, ou bien deux fentes, ce qui en produit.

Wheeler est allé jusqu'à envisager une version cosmique de l'expérience dans laquelle les particules mises en œuvre sont des photons émis par de puissants quasars situés à des milliards d'années-lumière. Une telle lumière pourrait être séparée en deux puis refocalisée vers la Terre par la lentille gravitationnelle formée par une galaxie située sur le parcours. Bien qu'aujourd'hui une telle expérience soit technologiquement hors de notre portée, si nous pouvions collecter suffisamment de photons provenant de cette lumière, nous devrions pouvoir former une figure d'interférences. Qui plus est, en plaçant un dispositif permettant de mesurer l'information de chemin peu de temps avant la détection, il serait théoriquement possible de faire disparaître cette figure. Le choix d'emprunter l'un des chemins ou bien les deux aurait été effectué des milliards d'années plus tôt, antérieurement à la formation de la Terre et même du Soleil, et pourtant notre observation expérimentale viendrait affecter ce choix.

Au cours du chapitre écoulé, nous avons étudié la physique quantique en nous servant de l'expérience des fentes de Young comme illustration. Dans celui qui vient, nous allons appliquer la formulation de Feynman de la mécanique quantique à l'Univers dans son ensemble. Nous verrons que, comme la particule, l'Univers n'a pas une histoire unique mais toutes les histoires possibles, chacune étant caractérisée par une probabilité propre ; et nos observations sur son état actuel affectent son passé et déterminent les différentes histoires de l'Univers, tout comme les observations des particules dans les fentes de Young affectent leur passé. Cette analyse nous permettra de comprendre comment les lois de la nature ont émergé du Big Bang. Avant de nous intéresser à leur émergence, nous allons toutefois parler un peu de ces lois et de quelques-uns des mystères qu'elles engendrent.

5

LA THÉORIE DU TOUT

« La chose la plus incompréhensible de l'Univers, c'est qu'il soit compréhensible. »

Albert EINSTEIN

L'Univers est compréhensible parce qu'il est gouverné par des lois scientifiques ; autrement dit, on peut modéliser son comportement. Mais que sont ces lois ou ces modèles ? La première interaction à avoir été décrite en langage mathématique a été la gravitation. La loi de Newton de la gravitation, publiée en 1687, énonce que tout objet dans l'Univers attire tout autre objet avec une force proportionnelle à sa masse. Elle a eu un grand retentissement dans la vie intellectuelle de l'époque car, pour la première fois, on montrait qu'au moins un aspect de l'Univers pouvait être modélisé avec précision tout en fournissant la machinerie mathématique correspondante. L'idée même qu'il puisse exister des lois de la nature renvoyait à des questions qui avaient fait condamner Galilée pour hérésie cinquante ans plus tôt. La Bible rapporte l'histoire de Josué qui a prié Dieu d'arrêter pendant un jour la course du Soleil et de la Lune afin qu'il puisse finir de combattre les Amorites en Canaan. D'après le livre de Josué, le Soleil s'est effectivement arrêté un jour entier. On sait aujourd'hui que cela aurait demandé que la Terre cesse de tourner pendant une journée. Or, si cela s'était produit, les lois de Newton nous enseignent que tout objet non attaché aurait poursuivi son mouvement à la vitesse initiale de la Terre (1 674 kilomètres/heure à l'équateur) – un prix à payer fort cher simplement pour retarder un coucher de Soleil. Mais ce n'était pas pour inquiéter Newton qui considérait, comme nous l'avons dit, que Dieu pouvait intervenir et intervenait effectivement dans les rouages de l'Univers.

Ce furent ensuite au tour des forces électrique et magnétique de faire l'objet d'une loi ou d'un modèle. Elles sont analogues à la gravitation à l'exception notable que deux charges électriques ou deux aimants de même type se repoussent tandis que des charges ou des aimants de type opposé s'attirent. Si les forces électrique et magnétique sont plus puissantes que la gravitation, en revanche nous ne les ressentons pas dans notre quotidien car un corps macroscopique contient presque autant de charges électriques positives que négatives. Par conséquent, les forces électrique et magnétique entre deux objets macroscopiques tendent à s'annuler contrairement à la force gravitationnelle qui s'ajoute.

Notre conception actuelle de l'électricité et du magnétisme s'est développée sur une période d'environ cent ans qui s'étend du milieu du XVIIIe siècle jusqu'au milieu du

XIXe siècle, période au cours de laquelle des physiciens de plusieurs pays ont étudié expérimentalement et en détail ces forces. L'une des découvertes les plus importantes a consisté à relier ces deux interactions : une charge électrique en mouvement exerce une force sur un aimant tandis qu'un aimant en mouvement engendre une force qui s'applique sur des charges électriques. C'est le Danois Hans Christian Ørsted qui a été le premier à entrevoir le lien entre ces deux forces. Alors qu'il préparait un cours pour l'université en 1820, Ørsted a remarqué que le courant électrique de la pile qu'il utilisait faisait dévier l'aiguille d'une boussole située à proximité. Il a compris rapidement que de l'électricité en mouvement engendrait une force magnétique et a forgé le terme « électromagnétisme ». Quelques années plus tard, le savant britannique Michael Faraday a tenu le raisonnement suivant – retranscrit ici en langage moderne : si un courant électrique produit un champ magnétique, alors un champ magnétique doit être capable d'engendrer un courant électrique. En 1831, il mettait cet effet en évidence. Quatorze ans plus tard, Faraday a révélé également un lien entre l'électromagnétisme et la lumière en démontrant qu'un magnétisme intense pouvait affecter la nature d'une lumière polarisée.

Le bagage scolaire de Faraday était sommaire. Issu d'une famille pauvre de forgerons habitant près de Londres, il avait quitté l'école à l'âge de 13 ans pour travailler comme garçon de courses et relieur dans une librairie. Là, au cours des années, il s'était familiarisé avec la science en lisant les livres dont il était censé s'occuper, élaborant par ailleurs des expériences simples et abordables pendant ses loisirs. Il a fini par obtenir un poste d'assistant dans le laboratoire du grand chimiste Sir Humphry Davy. Faraday allait y rester pendant quarante-cinq ans, succédant à Davy après la mort de ce dernier. Peu à son aise avec les mathématiques qu'il n'avait jamais beaucoup étudiées, il a beaucoup bataillé pour se forger une image théorique des phénomènes électromagnétiques étranges qu'il observait dans son laboratoire. Et il y est parvenu.

L'un des plus grands apports intellectuels de Faraday a certainement été le concept de champ de forces. Quand on songe à quel point la plupart des gens sont familiers du terme à travers les romans ou les films remplis d'extraterrestres aux yeux globuleux et de vaisseaux spatiaux, on se dit qu'il mériterait des droits d'auteur. Mais de Newton à Faraday, deux siècles durant, l'un des grands mystères de la physique a résidé dans ces lois qui représentaient des forces entre objets agissant à distance à travers le vide. Ce n'était pas du goût de Faraday pour qui déplacer un objet exigeait qu'une chose entrât en contact avec lui. Il imaginait ainsi que l'espace entre les charges électriques et les aimants était rempli de tubes invisibles qui poussaient et tiraient physiquement, et baptisa champ de forces l'ensemble de ces tubes. Une bonne façon de visualiser un champ de forces consiste à réaliser une expérience d'école dans laquelle un aimant est placé sous une plaque de verre que l'on saupoudre de limaille de fer. Lorsque l'on tapote la plaque pour éliminer le frottement, les grains de limaille se déplacent comme mus par une force invisible et se réarrangent pour former des arcs de cercle qui vont d'un pôle à l'autre de l'aimant. La figure ainsi obtenue dessine une carte des forces magnétiques invisibles qui traversent l'espace. On consi-

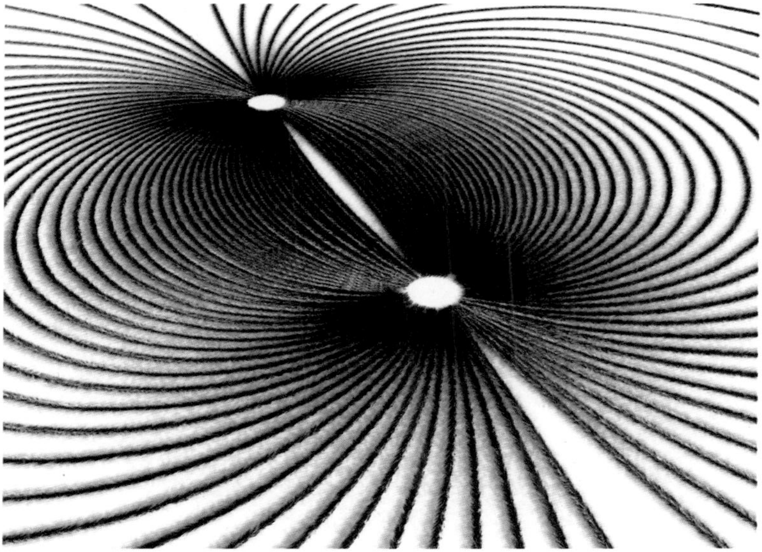

Champs de forces Champs de forces d'un barreau magnétique mis en évidence par de la limaille de fer.

dère aujourd'hui que toutes les forces sont transmises par des champs qui constituent l'un des concepts majeurs de la physique moderne – et aussi de la science-fiction.

Pendant plusieurs dizaines d'années, notre compréhension de l'électromagnétisme n'a pas progressé, se réduisant à la connaissance de quelques lois empiriques : le lien étroit, voire mystérieux unissant électricité et magnétisme ; l'idée d'une possible relation avec la lumière ; enfin, le concept embryonnaire de champ. Il existait alors au moins onze théories de l'électromagnétisme, toutes entachées de défauts. C'est dans ce contexte que, dans les années 1860, le physicien écossais James Clerk Maxwell a développé les conceptions de Faraday pour former un cadre mathématique permettant d'expliquer le lien mystérieux et intime entre électricité, magnétisme et lumière. Le résultat a pris la forme d'un ensemble d'équations décrivant les forces électrique et magnétique comme manifestations d'une seule et même entité, le champ électromagnétique. Maxwell a donc unifié l'électricité et le magnétisme en une interaction unique. Qui plus est, il a démontré que les champs électromagnétiques pouvaient se propager dans l'espace à la manière d'une onde, la vitesse de cette onde étant déterminée par un nombre apparaissant dans ses équations. Il a calculé ce nombre à partir de données expérimentales mesurées quelques années auparavant. À sa stupéfaction, la vitesse qu'il a obtenue était égale à la vitesse de la lumière qui était alors connue à 1 % près. Il avait découvert que la lumière elle-même était une onde électromagnétique !

Aujourd'hui, les équations qui décrivent les champs électrique et magnétique portent le nom d'équations de Maxwell. Peu de gens les connaissent, mais elles représentent sans doute les équations les plus importantes sur le plan commercial. Elles gouvernent non seulement le fonctionnement d'à peu près tout, de l'électroménager aux ordinateurs, mais elles décrivent également d'autres ondes que la lumière comme les micro-ondes, les ondes radio, la lumière infrarouge et les rayons X. Toutes ces ondes diffèrent de la lumière visible sur un seul point – leur longueur d'onde. Les ondes radio ont une longueur d'onde de l'ordre du mètre ou plus, tandis que la lumière visible a une longueur d'onde de l'ordre de quelque dix millionièmes de mètre et les rayons X une longueur d'onde inférieure à un cent millionième de mètre. Notre Soleil rayonne dans toutes les longueurs d'onde mais son rayonnement le plus intense se situe dans les longueurs d'onde visibles. Ce n'est sans doute pas un hasard si les longueurs d'onde que nous sommes à même de voir à l'œil nu sont celles pour lesquelles le rayonnement solaire est le plus intense : nos yeux ont sans doute évolué pour détecter le rayonnement électromagnétique dans cette gamme car c'était celui dont nous disposions en grande quantité. Si un jour nous rencontrons des êtres venus d'une autre planète, ils auront sans doute la capacité de « voir » un rayonnement dont la longueur d'onde correspondra au maximum d'émission de leur soleil, modulé par certains facteurs tels que l'absorption des poussières et des gaz de l'at-

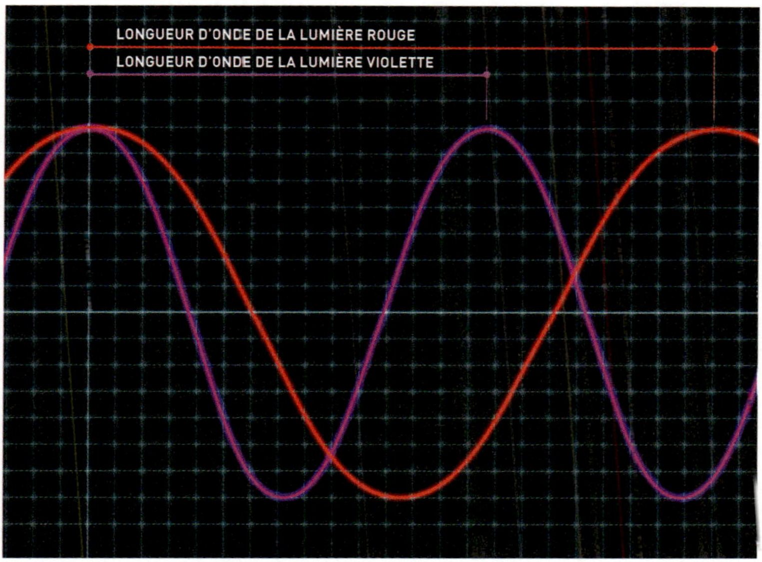

Longueur d'onde Les micro-ondes, les ondes radio, la lumière infrarouge, les rayons X – et les diverses couleurs de la lumière – ne diffèrent que par leurs longueurs d'onde.

mosphère de leur planète. Les extraterrestres qui ont évolué en présence de rayons X pourront donc sans problème se faire embaucher dans les services de sécurité des aéroports.

D'après les équations de Maxwell, les ondes électromagnétiques voyagent à une vitesse d'environ 300 000 kilomètres par seconde, soit un milliard de kilomètres par heure. Donner une vitesse n'a cependant aucun sens si on ne spécifie pas le référentiel dans lequel on la mesure. Vous n'avez en général pas besoin d'y penser dans la vie courante. Quand le panneau de limitation indique 100 kilomètres/heure, on comprend que votre vitesse est mesurée par rapport à la route et non par rapport au trou noir situé au centre de la Voie lactée. Pourtant, même dans la vie courante, il arrive que l'on doive se soucier du référentiel. Par exemple, si vous avancez une tasse de thé à la main dans le couloir d'un avion de ligne en vol, vous pouvez dire que vous vous déplacez à 5 kilomètres/heure. Quelqu'un au sol en revanche pourrait considérer que vous vous déplacez à 905 kilomètres/heure. Avant de décider lequel est plus proche de la vérité, rappelez-vous que, la Terre tournant autour du Soleil, un observateur situé à la surface de ce dernier sera en désaccord avec les deux affirmations et prétendra que vous vous déplacez à environ 30 kilomètres par seconde, tout en enviant votre climatisation. Considérant ces avis divergents, quand Maxwell a déclaré avoir découvert dans ses équations la « vitesse de la lumière », il était naturel de se demander : par rapport à quoi est mesurée cette vitesse de la lumière !

Il n'y a aucune raison de penser que le paramètre apparaissant dans les équations de Maxwell représente une vitesse mesurée par rapport à la Terre. Ses équations, après tout, s'appliquent à l'Univers tout entier. Une autre réponse possible, un temps considérée, a consisté à dire que les équations spécifient la vitesse de la lumière par rapport à un milieu auparavant non détecté qui emplit tout l'espace. Ce milieu a été baptisé éther luminifère ou plus simplement éther, en référence au terme qu'Aristote avait employé pour désigner la substance qui selon lui emplissait l'Univers hors de la sphère terrestre. Cet éther hypothétique était le milieu dans lequel les ondes électromagnétiques se propageraient, tout comme le son se propage dans l'air. L'existence d'un éther signifiait donc l'existence d'une référence absolue pour le repos (l'absence de mouvement par rapport à l'éther) et donc une manière absolue de définir le mouvement. L'éther apportait ainsi un référentiel privilégié dans tout l'Univers, par rapport auquel on pourrait mesurer la vitesse de n'importe quel objet. On a donc décidé sur des bases théoriques que l'éther existait, et des savants se sont mis en demeure de l'étudier ou à tout le moins de prouver son existence. L'un de ces savants était Maxwell lui-même.

Si, en vous déplaçant dans l'air, vous venez à la rencontre d'une onde sonore, alors cette dernière s'approche de vous plus rapidement. À l'inverse, si vous vous en éloignez, elle s'approche plus lentement. De façon analogue, si l'éther existe, la vitesse de la lumière devrait varier en fonction de votre mouvement par rapport à ce dernier. En réalité, si la lumière fonctionnait comme le son, à l'instar de passagers d'un avion supersonique ne pouvant entendre aucun son venant de derrière l'avion, des voyageurs traversant l'éther suffisamment vite pourraient aller plus vite qu'une onde lumineuse. Partant de ces considérations, Maxwell a suggéré une expérience. Si l'éther existe, la Terre doit s'y mouvoir lors de sa révolution autour du Soleil. Et comme la Terre voyage dans des directions différentes en janvier, en avril ou

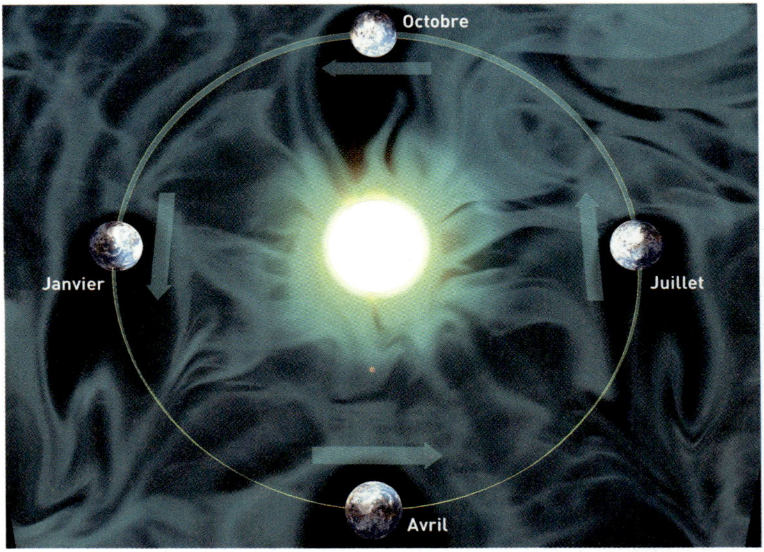

Déplacement dans l'éther Si nous nous déplacions à travers l'éther, nous pourrions détecter ce mouvement en observant des modifications saisonnières de la vitesse de la lumière.

en juin, on devrait pouvoir observer une légère modification de la vitesse de la lumière mesurée à diverses époques de l'année – voir figure ci-dessus.

L'éditeur de la revue *Proceedings of the Royal Society*, sceptique vis-à-vis de cette expérience, dissuada Maxwell de publier son idée. Néanmoins en 1879, peu de temps avant sa mort douloureuse à l'âge de 44 ans des suites d'un cancer à l'estomac, Maxwell en fit part dans une lettre à un ami. La correspondance a été publiée à titre posthume dans la revue *Nature* où elle a été lue, entre autres, par un physicien américain du nom d'Albert Michelson. S'inspirant de la proposition de Maxwell, Michelson et Edward Morley ont mis au point en 1877 une expérience très délicate destinée à mesurer la vitesse de déplacement de la Terre à travers l'éther. Leur idée était de comparer la vitesse de la lumière dans deux directions différentes, séparées par un angle droit. Si la vitesse de la lumière était constante par rapport à l'éther, les mesures auraient dû faire apparaître des vitesses différentes suivant les directions du faisceau. Pourtant, Michelson et Morley n'ont rien observé de tel.

Les résultats de l'expérience de Michelson et Morley venaient clairement contredire le modèle d'ondes électromagnétiques se propageant dans un éther, et cela aurait dû conduire à l'abandon de ce modèle. Toutefois, l'objectif de Michelson était de mesurer la vitesse de la Terre par rapport à l'éther, pas de confirmer ou d'infirmer l'hypothèse de l'éther. Sa découverte ne l'a donc pas incité à conclure à l'inexistence de l'éther. En réalité, le célèbre physicien Sir William Thomson (Lord Kelvin) est même allé jusqu'à déclarer en 1884 que « l'éther est la seule substance à laquelle on peut se fier dans la dynamique des corps. S'il y a bien une chose dont nous soyons sûrs, c'est la réalité et la substantialité de l'éther luminifère ».

Comment a-t-on pu croire en l'éther malgré les résultats de l'expérience de Michelson et Morley ? Comme il arrive souvent, on s'est efforcé de sauver le modèle en introduisant des modifications *ad hoc*, tirées par les cheveux. Certains ont ainsi imaginé que la Terre entraînait l'éther autour d'elle, et qu'en conséquence, on ne se déplaçait pas vraiment par rapport à lui. Les physiciens Hendrik Antoon Lorentz et George Francis Fitzgerald, respectivement hollandais et irlandais, ont suggéré que, dans un référentiel en mouvement par rapport à l'éther, probablement en raison d'un effet mécanique encore à découvrir, les horloges ralentissaient et les distances se réduisaient de manière à mesurer une vitesse de la lumière toujours identique. Vingt ans durant, les efforts se sont succédé pour tenter de sauvegarder le concept d'éther jusqu'à la parution d'un article remarquable, écrit par un jeune clerc inconnu du bureau des brevets de Berne, Albert Einstein.

Einstein avait 26 ans en 1905 lorsqu'il a publié son article intitulé « Zur Elektrodynamik bewegter Körper » (« De l'électrodynamique des corps en mouvement »). Il y supposait de façon très simple que toutes les lois de la physique, et en particulier la vitesse de la lumière, devaient être identiques pour tous les observateurs en mouvement uniforme. Cette idée exige en fait une révolution de notre conception de l'espace et du temps. Pour comprendre pourquoi, imaginez deux événements qui se produisent au même endroit mais à des instants différents dans un avion. Pour un observateur situé à bord de l'avion, la distance séparant les deux événements est nulle. Mais pour un observateur au sol, les événements sont séparés par la distance que l'avion a parcourue dans l'intervalle. Cela montre que deux observateurs en mouvement relatif l'un par rapport à l'autre ne mesurent pas la même distance entre deux événements.

Maintenant, supposez que les deux observateurs regardent une impulsion lumineuse se propager de la queue de l'appareil jusqu'à son nez. Tout comme dans l'exemple précédent, ils ne tomberont pas d'accord sur la distance qu'a parcourue la lumière entre l'émission à la queue de l'appareil et la réception à son nez. Comme la vitesse est égale à la distance divisée par le temps mis pour parcourir cette même distance, cela implique que, s'ils mesurent la même vitesse de propagation pour l'impulsion – la vitesse de la lumière –, ils ne s'accorderont pas sur l'intervalle de temps séparant l'émission de la réception.

La bizarrerie vient de ce que, bien que mesurant des temps différents, les observateurs sont témoins du *même processus physique*. Einstein n'a pas cherché à échafauder d'explication artificielle, mais en a simplement tiré la conclusion logique, bien qu'absolument stupéfiante, suivante : la valeur de l'intervalle de temps, comme celle de la distance parcourue, dépend de l'observateur qui réalise la mesure. Cet effet est l'une des clés de la théorie exposée dans l'article d'Einstein de 1905, qui porte aujourd'hui le nom de relativité restreinte.

On peut comprendre comment cette analyse s'appliquerait à des dispositifs de mesure du temps en considérant deux observateurs qui regardent une horloge. En relativité restreinte, l'horloge tourne plus rapidement pour un observateur au repos par rapport à cette horloge. En revanche, pour des observateurs qui se déplacent par rapport à elle, l'horloge ralentit. Si l'on assimile l'impulsion lumineuse qui

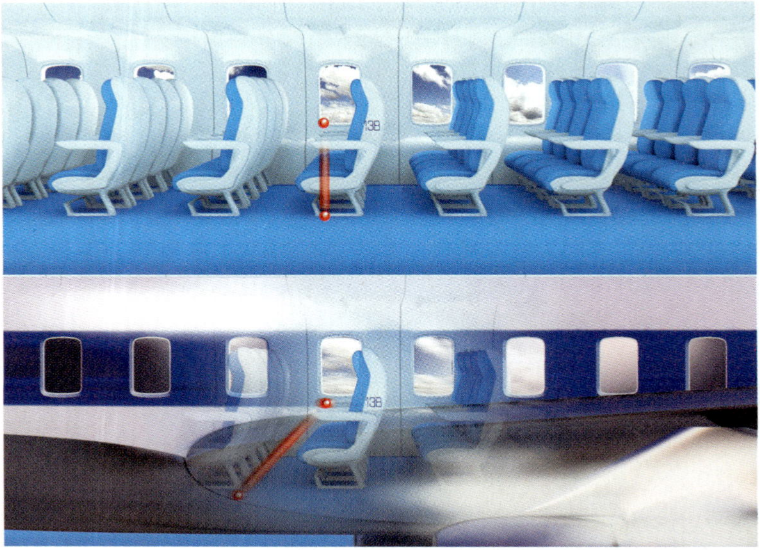

Avion de ligne Si vous faites rebondir une balle dans un avion, un observateur situé dans l'avion pourra croire que la balle rencontre toujours le même point à chaque rebond tandis qu'un observateur situé sur Terre mesurera une grande différence entre les points de rebond.

se propage de la queue vers le nez de l'appareil à un battement de l'horloge, on voit que, pour un observateur au sol, l'horloge tourne moins vite car la lumière doit parcourir une plus grande distance dans ce référentiel. Qui plus est, cet effet ne dépend pas du mécanisme de l'horloge et s'applique à toutes, y compris nos horloges biologiques.

Einstein a ainsi démontré que, tout comme la notion de repos, le temps ne peut être absolu contrairement à ce que pensait Newton. En d'autres termes, il n'est pas possible d'attribuer à chaque événement une date sur laquelle tous les observateurs s'accorderaient. Bien au contraire, chaque observateur a sa façon propre de mesurer le temps, et les temps mesurés par deux observateurs en mouvement relatif l'un par rapport à l'autre ne concordent pas. Les idées d'Einstein viennent heurter notre intuition car leurs conséquences ne se font pas sentir aux vitesses de la vie courante. Elles ont pourtant été confirmées expérimentalement à de multiples reprises. Par exemple, imaginez une horloge de référence immobile au centre de la Terre, une autre située à la surface de la Terre et une troisième à bord d'un avion qui vole soit dans le sens de rotation de la Terre, soit dans le sens inverse. Par rapport à l'horloge située au centre de la Terre, l'horloge se trouvant dans l'avion qui vole vers l'est – dans la direction de la rotation terrestre – se déplace plus rapidement que l'horloge à la surface de la Terre et donc bat moins vite. De même, par rapport à l'horloge située au centre de la Terre, l'horloge dans l'avion qui vole vers l'ouest – dans la direction opposée à la rotation terrestre – se déplace moins rapidement que l'horloge à la surface de la Terre et donc bat plus vite. Cet effet est exactement celui qui fut observé en octobre 1971 sur une horloge atomique extrêmement précise embarquée à bord d'un avion tournant autour du globe. Vous pouvez donc accroître votre espérance de vie en volant constamment vers l'est, même si vous finissez par vous lasser des films diffusés à bord. Toutefois, cet effet est infime, de l'ordre de 180 milliardièmes de seconde par révolution (il est par ailleurs réduit par des effets de différence gravitationnelle, mais nous n'entrerons pas ici dans ces détails).

Grâce aux travaux d'Einstein, les physiciens ont saisi qu'en requérant une vitesse de la lumière identique dans

Dilatation du temps Des horloges en mouvement donnent l'apparence de ralentir. Comme cela s'applique également aux horloges biologiques, des gens en mouvement semblent vieillir moins vite. Ne vous bercez pourtant pas d'illusions, aux vitesses usuelles, aucune horloge ne verrait la différence.

tous les repères, la théorie de Maxwell de l'électricité et du magnétisme impose de ne pas traiter le temps comme une dimension séparée des trois dimensions d'espace mais d'entremêler temps et espace. C'est un peu comme si l'on ajoutait une quatrième direction futur/passé aux classiques gauche/droite, avant/arrière et haut/bas. Les physiciens nomment ce mariage entre espace et temps l'« espace-temps », et comme celui-ci contient une quatrième direction, ils l'appellent la « quatrième dimension ». Dans l'espace-temps, le temps n'est plus distinct des trois dimensions d'espace et, en gros, tout comme la définition de gauche/droite, avant/arrière et haut/bas dépend de l'orientation de l'observateur, la direction du temps change également en fonction de la vitesse de l'observateur. Des observateurs se déplaçant à des vitesses différentes choisissent des directions de temps différentes dans l'espace-temps. La théorie de la relativité restreinte d'Einstein constitua donc un modèle nouveau qui s'affranchissait des concepts de temps et de repos absolus (c'est-à-dire, de repos par rapport à un éther fixe).

Einstein s'est rapidement rendu compte qu'une autre modification était nécessaire s'il voulait que la gravitation fût compatible avec la relativité. Dans la théorie newtonienne de la gravitation, les objets s'attirent à tout instant avec une force qui dépend de la distance qui les sépare en ce même instant. Toutefois, la théorie de la relativité ayant aboli le concept de temps absolu, il n'y avait aucun moyen de définir quand devait être mesurée cette distance. La théorie de Newton de la gravitation n'était donc pas cohérente avec la relativité restreinte, il fallait la modifier. Cette contradiction aurait pu apparaître comme une difficulté essentiellement technique, voire un détail dont on pouvait s'accommoder au prix d'une correction mineure. Mais, comme l'histoire allait le montrer, rien n'était plus faux.

Dans les onze années qui ont suivi, Einstein a développé une nouvelle théorie de la gravitation qu'il a baptisée relativité générale. La gravitation en relativité générale ne ressemble en rien à celle de Newton. La proposition révolutionnaire qui la fonde est que l'espace-temps n'est pas plat comme on le pensait jusque-là, mais courbé et distordu par les masses et l'énergie qu'il contient.

On peut assez facilement se représenter la courbure en pensant à la surface de la Terre. Bien que la surface terrestre ne soit que bidimensionnelle (on ne peut s'y déplacer que suivant deux directions, par exemple nord/sud et est/ouest), elle nous servira d'exemple car il est plus facile de dessiner un espace courbe en deux qu'en quatre dimensions. La géométrie des espaces courbes comme la surface de la Terre n'est pas la géométrie euclidienne qui nous est familière. Ainsi, à la surface de la Terre, la plus courte distance entre deux points – que l'on sait être une droite en géométrie euclidienne – est l'arc de grand cercle qui les relie (un

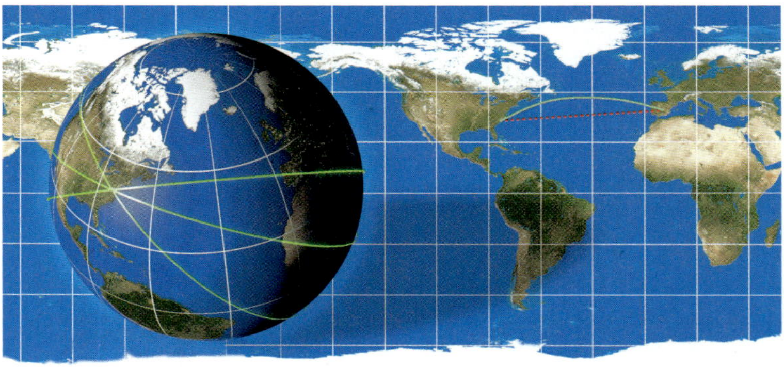

Géodésiques La plus courte trajectoire entre deux points sur la surface terrestre apparaît incurvée quand on la dessine sur une carte plane – une chose à garder en mémoire si on vous fait subir un test d'alcoolémie.

grand cercle est un cercle à la surface de la Terre dont le centre coïncide avec le centre de la Terre. L'équateur est un exemple de grand cercle, ainsi que tout autre cercle obtenu en tournant l'équateur autour de l'un des diamètres).

Imaginons par exemple que vous vouliez voyager de New York à Madrid, deux villes situées environ à la même latitude. Si la Terre était plate, la route la plus courte consisterait à voler droit vers l'est. En suivant cette route, vous arriveriez à Madrid après un périple de 5 966 kilomètres. Mais, en raison de la courbure terrestre, il existe un chemin qui semble courbe sur une carte plate, et donc plus long, mais qui est en fait plus court. Vous pouvez arriver à Madrid en 5 802 kilomètres si vous suivez le grand cercle qui vous emmène tout d'abord vers le nord-est, puis tourne progressivement vers l'est avant de redescendre vers le sud-est. La différence en distance entre les deux routes, en raison de la courbure terrestre, est une signature de la géométrie non euclidienne. Les compagnies aériennes le savent et demandent à leurs pilotes de suivre des grands cercles dans la mesure du possible.

Dans les lois de la dynamique énoncées par Newton, les objets tels que les boulets de canon, les croissants et les planètes se déplacent en ligne droite sauf s'ils subissent une force comme la gravitation. Mais la gravitation, dans la théorie d'Einstein, n'est pas une force comme les autres ; elle est une conséquence de la distorsion et donc de la courbure de l'espace-temps due aux masses. Dans la théorie d'Einstein, les objets se déplacent en suivant des géodésiques qui sont les analogues des lignes droites dans un espace courbe. Les droites sont les géodésiques d'un espace plat tandis que les grands cercles sont des géodésiques à la surface de la Terre. En l'absence de matière, les géodésiques d'un espace à quatre dimensions correspondent aux droites dans l'espace tridimensionnel. En revanche, en présence de matière qui distord l'espace-temps, les trajectoires des corps dans l'espace tridimensionnel correspondant s'incurvent pour donner les courbes prédites par la théorie newtonienne de la gravitation. Quand l'espace-temps n'est pas plat, les trajectoires des objets apparaissent incurvées, donnant ainsi l'illusion qu'une force s'exerce sur eux.

En l'absence de gravité, la théorie de la relativité générale énoncée par Einstein redonne la théorie de la relativité restreinte et, dans l'environnement à faible gravité de notre système solaire, permet de retrouver pratiquement les mêmes prédictions que la théorie newtonienne – mais pas complètement. En fait, si l'on ne tenait pas compte de la relativité générale dans le système de navigation par satellites GPS, les erreurs sur la position globale s'accumuleraient au rythme d'environ 10 kilomètres par jour ! Toutefois, l'importance réelle de la relativité générale ne réside pas dans les dispositifs qui vous guident jusqu'au restaurant mais dans le modèle très différent d'univers qu'elle nous propose, où sont prédits des phénomènes comme les ondes gravitationnelles ou les trous noirs. La relativité générale a ainsi transformé la physique en géométrie. Par ailleurs, les performances de la technologie moderne sont aujourd'hui telles que l'on peut faire subir à la relativité générale de nombreux tests : elle les a tous passés brillamment.

Bien qu'elles aient toutes deux révolutionné la physique, la théorie de l'électromagnétisme de Maxwell et la théorie de la gravitation – ou de la relativité générale – d'Einstein sont, tout comme la physique newtonienne, des théories classiques. Autrement dit, des modèles dans lesquels l'Univers n'a qu'une seule histoire. Comme nous l'avons vu au chapitre précédent, à l'échelle atomique et subatomique, ces modèles ne coïncident pas avec les observations. Il nous faut à la place utiliser des théories quantiques dans lesquelles l'Univers peut suivre toutes les histoires possibles, chacune de ces histoires étant pondérée par son intensité propre ou son amplitude de probabilité. En pratique, dans les calculs usuels, on peut se contenter d'utiliser les théories classiques mais si l'on veut comprendre le comportement des atomes ou des molécules, il nous faut une version quantique de l'électromagnétisme de Maxwell ; et si nous voulons comprendre l'Univers primordial, lorsque toute la matière et toute l'énergie étaient confinées dans un volume minuscule, alors il nous faut une version quantique de la relativité générale. Ces théories nous sont indispensables car, dans la quête d'une compréhension fondamentale de la nature, il serait incohérent de faire appel à des lois quantiques tout en conservant quelques lois classiques. Nous devons donc trouver des versions quantiques pour toutes les lois de la nature. Ces théories portent le nom de théories quantiques des champs.

Les interactions fondamentales dans la nature peuvent être divisées en quatre classes :

- *La gravitation.* C'est la plus faible des quatre, mais c'est une interaction à longue portée qui agit sur tous les objets dans l'Univers comme une attraction. Cela signifie que, pour les objets massifs, les interactions gravitationnelles s'additionnent jusqu'à dominer toutes les autres forces.
- *L'électromagnétisme.* C'est également une interaction à longue portée, bien plus puissante que la gravitation, mais elle ne s'exerce que sur les particules portant une charge électrique, de façon répulsive entre charges de mêmes signes et attractive entre charges de signes opposés. Cela

signifie que les interactions électriques entre objets massifs s'annulent mais sont dominantes à l'échelle des atomes et des molécules. Les interactions électromagnétiques sont les seules à l'œuvre dans toute la chimie et la biologie.

- *L'interaction nucléaire faible*. Elle est à l'origine de la radioactivité et joue un rôle crucial dans la formation des éléments au cœur des étoiles et de l'Univers primordial. On ne rencontre pas cette interaction dans notre vie courante.
- *L'interaction nucléaire forte*. Cette interaction est la force de cohésion qui lie protons et neutrons au sein du noyau atomique. Elle assure également l'intégrité des protons et neutrons eux-mêmes car ces derniers sont constitués de particules encore plus petites, les quarks, que nous avons évoqués au chapitre 3. L'interaction forte est la source d'énergie du Soleil et de l'énergie nucléaire mais, tout comme pour l'interaction faible, nous ne la rencontrons pas dans notre vie de tous les jours.

La première interaction à s'être vue doter d'une version quantique a été l'électromagnétisme. La théorie quantique du champ électromagnétique, appelée électrodynamique quantique (ou QED pour *quantum electrodynamics*), a été développée dans les années 1940 par Richard Feynman et quelques autres. Elle est devenue le modèle pour toutes les théories quantiques des champs. Comme nous l'avons vu, dans les théories classiques, les forces sont transmises *via* des champs. En théorie quantique, ces champs sont décrits comme étant constitués de particules élémentaires appelées bosons, bosons qui transmettent les forces en allant d'une particule de matière à l'autre. Les particules de matière sont quant à elles baptisées fermions. Les électrons et les quarks sont des exemples de fermions. Le photon, ou particule de lumière, est un exemple de boson. C'est lui qui transmet l'interaction électromagnétique. En voici le mode opératoire : une particule de matière, par exemple un électron, émet un boson, ou particule d'interaction, ce qui entraîne un recul à la manière du recul d'un canon qui tire un boulet. La particule d'interaction rencontre ensuite une autre particule de matière qui l'absorbe, modifiant ainsi le mouvement de cette dernière. Dans la QED, toutes les interactions entre particules chargées – les particules qui subissent la force électromagnétique – sont ainsi décrites par des échanges de photons.

Les prédictions de la QED ont été testées et les vérifications expérimentales ont montré un accord d'une remarquable précision avec les mesures. Cependant, effectuer les calculs dans le cadre de la QED peut être un exercice difficile. Le problème, comme nous le verrons plus loin, est que, lorsque vous ajoutez à l'échange de particules décrit précédemment l'exigence quantique d'inclure toutes les histoires possibles par lesquelles l'interaction peut se produire – par exemple, toutes les façons possibles d'échanger une particule –, les mathématiques deviennent rapidement très compliquées. Heureusement, en même temps qu'il inventait la notion d'histoires alternatives – cette vision des théories quantiques décrite au chapitre précédent – Feynman a également développé une méthode graphique extrêmement astucieuse pour rendre compte des différentes histoires, une méthode que l'on applique aujourd'hui non seulement à la QED mais à toutes les théories quantiques.

La méthode graphique de Feynman permet de visualiser chaque terme de la somme sur toutes les histoires. Ces images, appelées diagrammes de Feynman, sont l'un des outils les plus importants de la physique moderne. En QED, on peut représenter la somme sur toutes les histoires comme une somme de diagrammes de Feynman. Ainsi, la figure ci-contre décrit certains des modes possibles de diffusion entre deux électrons *via* l'interaction électromagnétique. Dans ces diagrammes, les lignes droites représentent les électrons et les lignes ondulées les photons. Le temps s'écoule du bas vers le haut, et les points où des lignes se rencontrent correspondent à l'émission ou à l'absorption d'un photon par un électron. Le diagramme (A) représente deux électrons qui se rapprochent, échangent un photon avant de poursuivre leur chemin. C'est la façon la plus simple que deux électrons aient d'interagir sur le plan électromagnétique. On se doit cependant de considérer toutes les histoires possibles, et donc également inclure des diagrammes comme (B). Ce diagramme représente également deux lignes qui arrivent – les électrons qui se rapprochent – et deux lignes qui s'éloignent – les électrons diffusés – mais, à l'intérieur de ce diagramme, les électrons échangent deux photons avant de s'écarter. Les diagrammes représentés ici ne sont eux-mêmes qu'une infime partie des possibilités ; en réalité, il existe une infinité de diagrammes dont il faut tenir compte.

Les diagrammes de Feynman ne se résument pas à une manière astucieuse de dessiner et de catégoriser les modes d'interaction. Ils s'accompagnent de règles qui permettent de calculer, à partir des lignes et des nœuds (les vertex) de chaque diagramme, des quantités mathématiques. Ainsi, la

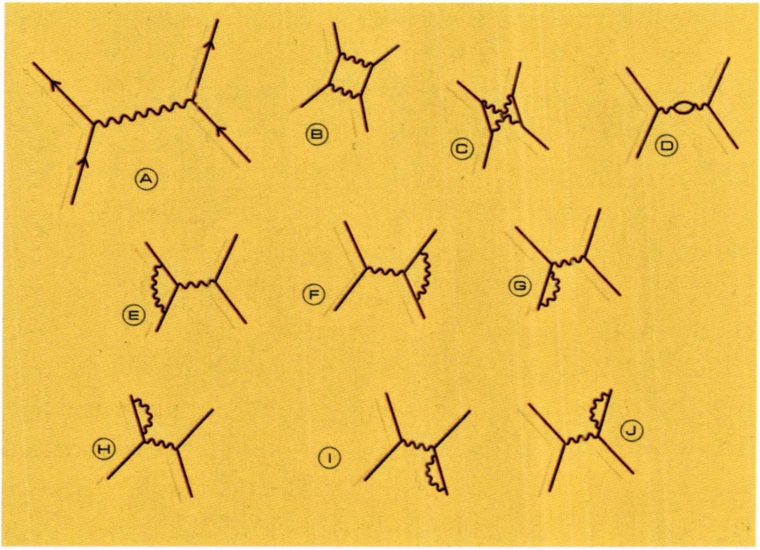

Diagrammes de Feynman Ces diagrammes représentent un processus au cours duquel deux électrons diffusent l'un contre l'autre.

probabilité que les électrons arrivant avec des quantités de mouvement données repartent avec d'autres quantités de mouvement également données s'obtient en sommant les contributions de tous les diagrammes de Feynman correspondants. Cette sommation peut s'avérer assez fastidieuse car, comme nous l'avons vu, il existe une infinité de diagrammes. D'autre part, même si les énergies et les quantités de mouvement des électrons entrants et sortants sont définies avec précision, les particules circulant dans les boucles fermées à l'intérieur d'un diagramme peuvent prendre toutes les énergies et toutes les quantités de mouvement possibles. Cette remarque a son importance car elle implique

que, lors du calcul d'une sommation de Feynman, on doit sommer non seulement sur tous les diagrammes mais aussi sur toutes ces valeurs intermédiaires possibles de l'énergie et de la quantité de mouvement.

Les diagrammes de Feynman ont apporté aux physiciens une aide considérable dans la visualisation et le calcul des probabilités des processus décrits par la QED. Mais ils n'ont en rien guéri la théorie d'un défaut majeur : l'addition des contributions d'une infinité d'histoires différentes donne un résultat infini (lorsque les termes successifs d'une somme infinie décroissent suffisamment vite, il peut arriver que la somme soit finie mais ce n'est hélas pas le cas ici). En particulier, l'addition des diagrammes de Feynman semble indiquer que la masse et la charge de l'électron sont elles-mêmes infinies ce qui est absurde car nous pouvons les mesurer. Une procédure a donc été mise au point afin de résoudre ce problème, baptisée renormalisation.

Le procédé de renormalisation consiste à soustraire des quantités normalement infinies de telle façon que, par un comptage mathématique minutieux, la somme des infinis négatifs et celle des infinis positifs qui surgissent dans la théorie se contrebalancent presque complètement, ne laissant en définitive qu'un léger reste qui correspond aux valeurs finies observées lorsqu'on mesure la masse et la charge. Voilà une manipulation qui vous vaudrait sans doute une sale note à un examen de maths et, de fait, la renormalisation est douteuse sur le plan mathématique. Une de ses conséquences est notamment de permettre à la masse et la charge de l'électron de prendre n'importe quelle valeur finie. L'avantage, c'est que les physiciens peuvent ainsi choisir à loisir les infinis qu'ils soustraient de manière à obtenir la bonne réponse. L'inconvénient, c'est que la masse et la charge de l'électron ne peuvent plus être prédites par la théorie. Cependant, une fois ces deux valeurs fixées, on peut utiliser la QED pour formuler d'autres prédictions très précises, toutes en accord avec les observations, ce qui fait de la renormalisation un ingrédient essentiel de la QED. L'un des tout premiers succès de la QED a ainsi consisté à prédire correctement le « Lamb shift », une minuscule

Diagrammes de Feynman Richard Feynman conduisait un van célèbre recouvert de diagrammes éponymes. Cette vue de l'artiste montre les diagrammes rencontrés précédemment. Bien que Feynman soit mort en 1988, son van est toujours là, stocké près du Caltech en Californie du Sud.

modification de l'énergie de l'un des états de l'atome d'hydrogène, découverte en 1947.

Le succès de la renormalisation en QED a encouragé à rechercher des théories quantiques des champs rendant compte des trois autres interactions fondamentales. Cependant, la classification en quatre interactions est sans doute artificielle et due à notre méconnaissance. On s'est donc mis en quête d'une théorie du Tout capable d'unifier les quatre classes d'interactions en une loi unique compatible avec la théorie quantique. Une telle loi constituerait à proprement parler le Graal de la physique.

En étudiant la théorie de l'interaction faible, on a commencé à comprendre que cette recherche d'unification était sans doute la bonne approche. La théorie quantique des champs décrivant l'interaction faible seule ne peut être renormalisée ; autrement dit, les termes infinis qui surgissent ne peuvent disparaître au travers d'un jeu fini de paramètres tels que la masse ou la charge. Toutefois, en 1967, Abdus Salam et Steven Weinberg ont proposé indépendamment une théorie qui unifiait en son sein l'électromagnétisme et l'interaction faible, l'unification permettant alors de remédier à la recrudescence de quantités infinies. L'interaction unifiée a été baptisée interaction électrofaible. Sa théorie pouvait être renormalisée et elle prédisait trois nouvelles particules appelées W^+, W^- et Z^0. Les premières preuves de l'existence du Z^0 ont été découvertes au CERN à Genève en 1973. En 1979, Salam et Weinberg se sont vu décerner le prix Nobel, mais il a fallu attendre 1983 pour observer directement pour la première fois les particules W et Z.

L'interaction forte peut être également renormalisée de façon indépendante dans une théorie baptisée chromodynamique quantique ou QCD (*quantum chromodynamics*). En QCD, le proton, le neutron et quantité d'autres particules élémentaires de matière sont constitués de quarks qui possèdent une caractéristique remarquable baptisée couleur par les physiciens (d'où le terme « chromodynamique », bien que les couleurs des quarks ne soient que des labels sans aucun rapport avec une couleur visible). Les quarks peuvent prendre trois couleurs différentes, rouge, vert ou bleu. De plus, à chaque quark est associée une antiparticule dont les couleurs possibles sont antirouge, antivert et antibleu. Le principe fondamental est qu'il ne peut exister aucune association libre de ces particules qui soit dotée d'une couleur globale. Or on ne peut neutraliser les couleurs que dans deux types de combinaisons : soit en associant une couleur et une anticouleur qui s'annulent, on forme ainsi une paire quark-antiquark qui est une particule instable également appelée méson, soit en mélangeant trois quarks de chaque couleur pour former des particules stables appelées baryons, comme par exemple le proton ou le neutron (les antiparticules de ces baryons étant définies par l'association de trois antiquarks). Les protons et les neutrons sont les baryons qui constituent le noyau de l'atome et les briques élémentaires de toute la matière usuelle dans l'Univers.

La QCD possède également une propriété appelée liberté asymptotique que nous avons évoquée sans la nommer au chapitre 3. La liberté asymptotique signifie que les interactions fortes entre quarks sont faibles lorsque les quarks sont proches mais augmentent dès qu'ils s'éloignent, comme s'ils étaient liés par des élastiques. La liberté asymptotique permet de comprendre la raison pour laquelle on n'observe aucun quark isolé dans la nature et pourquoi il a été impossible d'en produire en laboratoire. Pourtant, malgré cette impossibilité de voir les quarks séparément, nous acceptons ce modèle car il explique remarquablement bien le comportement des protons, des neutrons et des autres particules de matière.

Après avoir unifié les interactions faible et électromagnétique, les physiciens ont cherché dans les années 1970 à intégrer l'interaction forte au sein de cette théorie. Il existe un certain nombre de telles théories, dites de grande unification (ou GUT pour *Grand Unified Theory*), qui réunissent dans un même cadre les interactions forte, faible et électromagnétique. Or ces théories prédisent pour la plupart que les protons, nos constituants élémentaires, doivent se désintégrer en moyenne au bout de 10^{32} ans. C'est une durée de vie extrêmement longue si l'on considère que l'Univers lui-même n'est âgé que d'environ 10^{10} ans. Cependant, en physique quantique, quand on dit que la durée moyenne de vie d'une particule est de 10^{32} ans, cela ne signifie pas que la plupart des particules vivent environ 10^{32} ans, avec des variations selon les particules. Cela signifie que chaque année, chaque particule a 1 chance sur 10^{32} de se désintégrer. Par conséquent, si vous observez un réservoir contenant 10^{32} protons pendant quelques années, vous devriez pouvoir observer quelques désintégrations de protons. Construire un tel réservoir n'est pas si difficile puisque quelques milliers de tonnes d'eau contiennent environ 10^{32} protons. De telles expériences ont donc été réalisées. Détecter ces désintégrations en les distinguant des autres événements causés par le bombardement continu de rayons cosmiques provenant de l'espace n'est toutefois pas chose aisée. Pour minimiser le bruit de fond, les expériences sont effectuées en profondeur dans des endroits comme la mine de Kamioka au Japon située à 1 000 mètres sous une montagne ce qui la protège significativement des rayons cosmiques. À l'issue de leurs observations, les chercheurs ont conclu en 2009 qu'en tout état de cause, si le proton se désintègre, sa durée de vie doit être supérieure à 10^{34} années

Baryons et mésons Les baryons et les mésons sont supposés être constitués de quarks liés par l'interaction forte. Quand ces particules se rencontrent, elles peuvent échanger des quarks bien qu'on ne puisse observer ces derniers de façon isolée.

ce qui est une assez mauvaise nouvelle pour toutes les théories de grande unification.

Des observations expérimentales antérieures n'ayant pas plus permis de confirmer les GUT, la majorité des physiciens se sont rabattus sur une théorie *ad hoc* baptisée modèle standard qui englobe la théorie unifiée de l'interaction électrofaible et la QCD comme théorie de l'interaction forte. Mais dans le modèle standard, les interactions électrofaible et forte agissent séparément et ne sont pas réellement unifiées. Le modèle standard, dont les succès sont nombreux, colle parfaitement à toutes les observations actuelles mais il est en définitive peu satisfaisant car, non content d'échouer à unifier interaction électrofaible et forte, il ne rend pas compte de la gravitation.

Si ardue qu'ait été la tentative visant à regrouper dans un formalisme unique interactions forte, faible et électromagnétique, ce n'est rien en comparaison des problèmes que pose la fusion de la gravitation avec les trois précédentes, ou même la simple élaboration d'une théorie cohérente de la gravitation quantique. La difficulté de concevoir une théorie quantique de la gravitation est liée au principe d'incertitude de Heisenberg rencontré au cours du chapitre 4. Ce n'est pas évident à expliquer, mais il s'avère qu'en raison de ce principe, la valeur d'un champ et la vitesse d'évolution de cette valeur jouent des rôles identiques à la position et la vitesse d'une particule. En d'autres termes, la précision de détermination de l'une est inversement proportionnelle à la précision de détermination de l'autre. Cela a pour conséquence importante que le vide total n'existe pas. En effet, le vide total signifie que la valeur et la vitesse d'évolution du champ sont exactement et simultanément nulles (si sa vitesse d'évolution n'était pas nulle, l'espace ne resterait pas vide). Le principe d'incertitude interdisant de déterminer avec précision la valeur du champ et de sa vitesse, l'espace n'est donc jamais vide. Il peut être dans un

« Mettre tout ça dans une seule boîte n'en fait pas, j'en ai peur, une théorie unifiée. »

état d'énergie minimale, ce que nous appelons le vide, mais cet état est sujet à des fluctuations quantiques ou fluctuations du vide – des apparitions et disparitions incessantes de particules et de champs.

On peut se représenter les fluctuations du vide comme des apparitions simultanées de paires de particules qui se déplacent indépendamment puis se rapprochent à nouveau pour finalement s'annihiler en se recombinant. En termes de diagrammes de Feynman, ces événements correspondent à des boucles fermées. Les particules sont alors appelées particules virtuelles. À la différence des particules réelles, on ne peut observer directement les particules virtuelles avec un détecteur de particules. En revanche, on peut mesurer leurs effets indirects tels que des modifications subtiles de l'énergie des orbites électroniques. L'accord obtenu avec les prédictions théoriques est là encore d'une précision remarquable. Le problème est que ces particules virtuelles ont une énergie : comme ces paires virtuelles sont en nombre infini, la quantité d'énergie correspondante est également infinie. D'après la relativité générale, cela signifie qu'elles devraient courber l'Univers jusqu'à lui faire atteindre une taille infiniment petite, ce qui ne se produit clairement pas !

Ce fléau des quantités infinies est analogue au problème rencontré dans les théories des interactions forte, faible et électromagnétique, à la différence que, pour ces dernières, la renormalisation permet de se débarrasser des infinis. À l'inverse, les boucles fermées des diagrammes de Feynman de la gravitation produisent des infinis qu'une procédure de renormalisation ne peut digérer car, en relativité générale, le nombre de paramètres renormalisables (comme les valeurs de la masse et de la charge) est insuffisant pour faire disparaître toutes les divergences quantiques de la théorie. On se retrouve donc face à une théorie de la gravitation qui prédit que certaines quantités comme la courbure de l'espace-temps sont infinies. Ce n'est pas comme cela que l'on bâtit un univers hospitalier. La seule façon d'aboutir à une théorie raisonnable serait donc que toutes les divergences puissent en quelque sorte se compenser sans recourir à la renormalisation.

Ce problème a trouvé une solution en 1976. Elle porte le nom de supergravité. Le préfixe « super » n'est pas dû à des physiciens qui ont trouvé « super » qu'une telle théorie de la gravitation quantique puisse fonctionner. En réalité, ce « super » faisait référence à une symétrie que possède la théorie : la « supersymétrie ».

En physique, on dit qu'un système possède une symétrie si ses propriétés demeurent inchangées dans une certaine transformation, comme une rotation dans l'espace ou une réflexion dans un miroir. Par exemple, un *donut* que vous retournez conserve le même aspect (sauf s'il est recouvert d'un glaçage au chocolat auquel cas il vaut mieux le manger). La supersymétrie est un type de symétrie plus subtile que l'on ne peut associer à une transformation de l'espace ordinaire. L'une des conséquences importantes de la supersymétrie est que les particules d'interaction et les particules de matière, et donc interaction et matière, ne sont en fait que deux facettes d'une même entité. En pratique, cela signifie qu'à chaque particule de matière, comme le quark, doit correspondre une particule partenaire qui est une particule d'interaction et qu'à chaque particule d'interaction, comme le photon, doit correspondre une particule partenaire qui est une particule de matière. Potentiellement, ceci permet de résoudre le problème des divergences infinies car les divergences dues aux boucles fermées de particules d'interaction sont positives tandis que les divergences dues aux boucles fermées de particules de matière sont négatives. Ainsi, les divergences dues aux particules d'interaction et à leurs particules partenaires de matière tendent à se compenser. Malheureusement, les calculs exigés pour détecter si toutes les divergences ont bien été supprimées étaient tellement longs et difficiles, et tellement propices aux erreurs, que personne ne s'est risqué à les entreprendre. Néanmoins, de l'avis de la plupart des physiciens, la supergravité était sans aucun doute la réponse adéquate au problème de l'unification de la gravité avec les autres interactions.

On aurait pu croire qu'il serait facile de vérifier la validité de la supersymétrie – en examinant simplement les propriétés des particules existantes pour voir si elles se regroupent par paires. Or il s'avère qu'aucune des particules partenaires n'a été observée. Divers calculs indiquent en outre que les particules partenaires correspondant aux particules que nous observons devraient être mille fois plus massives que le proton, si ce n'est plus. Même si de telles masses sont bien trop élevées pour qu'on ait pu les observer dans aucune expérience conduite jusqu'à ce jour, on espère cependant être capable dans l'avenir d'en créer au LHC[1] à Genève.

Le concept de supersymétrie a joué un rôle clé dans l'élaboration de la supergravité. Pourtant, il était né en fait des années auparavant chez des théoriciens qui étudiaient une théorie balbutiante appelée théorie des cordes. En théorie des cordes, les particules ne sont pas des points mais des structures de vibration possédant une longueur. Elles sont en revanche dépourvues d'épaisseur ou de largeur – comme des morceaux d'une corde infiniment mince. Les théories

1. Large Hadron Collider, le grand collisionneur de hadrons du CERN (NdT).

des cordes font également apparaître des quantités infinies mais on pense qu'en choisissant le bon modèle, ces dernières doivent disparaître. Ces théories possèdent également une particularité inhabituelle : elles ne sont cohérentes que si l'espace-temps compte dix dimensions au lieu des quatre usuelles. Dix dimensions, cela peut sembler excitant mais c'est également une source potentielle de réels problèmes si vous ne vous rappelez pas où vous avez garé votre voiture. D'ailleurs, si ces dimensions existent, pourquoi ne les remarque-t-on pas ? En théorie des cordes, c'est parce qu'elles sont repliées dans un espace de très petite taille. Pour illustrer cet effet, imaginez un plan à deux dimensions. On dit que le plan est bidimensionnel car deux nombres sont nécessaires (par exemple les coordonnées horizontale et verticale) pour y localiser n'importe quel point. La surface d'une paille est un autre exemple d'espace bidimensionnel. Pour localiser un point dans cet espace, vous devez savoir à quel endroit le point se situe dans la longueur de la paille, et également où dans sa dimension circulaire. Par ailleurs, si la paille est très fine, vous pouvez avec une très bonne approximation vous contenter de fournir la coordonnée suivant la longueur et ignorer la dimension circulaire. Et si le diamètre de la paille était un millionième de millionième de millionième de millionième de millionième de centimètre, vous ne remarqueriez même pas cette dimension circulaire. C'est ainsi que les théoriciens des cordes imaginent les dimensions supplémentaires – hautement courbées, ou repliées, à une échelle si minuscule que nous ne les voyons pas. En théorie des cordes, les dimensions supplémentaires sont repliées dans ce que l'on appelle un espace interne, à l'opposé de l'espace tridimensionnel que nous connaissons dans la vie courante. Cependant, comme nous le verrons, ces états internes ne sont pas simplement des dimensions cachées que l'on a glissées sous le tapis – elles portent une signification physique très importante.

Non contente d'être dotée de dimensions mystérieuses, la théorie des cordes souffre d'un autre mal étrange : il est apparu qu'au moins cinq théories différentes existent, sans compter des millions de façons de replier les dimensions supplémentaires. Voilà un trop-plein de possibilités fort embarrassant pour ceux qui clamaient que la théorie des cordes était la théorie *unique* du Tout. C'est alors qu'aux environs de 1994, on s'est mis à découvrir des dualités : des théories différentes ainsi que des façons différentes de courber les dimensions supplémentaires n'étaient en fait que des descriptions alternatives du même phénomène en quatre dimensions. De plus, on a découvert que la supergravité était également reliée aux autres théories de la même façon. En définitive, les théoriciens des cordes sont aujourd'hui convaincus que les cinq théories des cordes différentes et la supergravité sont simplement des approximations différentes d'une même théorie fondamentale, chacune d'elles ayant son propre domaine de validité.

Cette théorie plus fondamentale, comme nous l'avons déjà vu, porte le nom de M-théorie. Personne ne semble connaître la signification réelle de ce « M », mais il se peut qu'il soit là pour « maîtresse », « miracle » ou « mystère ». Ou bien les trois à la fois. La nature exacte de la M-théorie fait encore l'objet de recherches approfondies, mais il est fort possible que ce soit là une tâche de Sisyphe. Il se peut que l'espoir constant des physiciens d'une théorie unique de la nature soit vain, qu'il n'existe aucune formulation unique et que, pour décrire l'Univers, nous devions employer différentes théories dans différentes situations. Chaque théorie aurait ainsi sa propre version de la réalité ce qui est, dans le réalisme modèle-dépendant, acceptable tant que les prédictions des théories concordent lorsque leurs domaines de validité se recouvrent, c'est-à-dire quand on peut les appliquer simultanément.

Que la M-théorie existe sous une formulation unique ou seulement comme un réseau de théories, il n'en reste pas moins que nous connaissons certaines de ses propriétés. Tout d'abord, la M-théorie compte onze dimensions d'espace-temps et non dix. Les théoriciens des cordes ont longtemps soupçonné qu'il faudrait ajuster cette prédiction de dix dimensions et des travaux récents ont montré qu'on avait effectivement oublié une dimension. De plus, la M-théorie fait non seulement intervenir des cordes vibrantes mais aussi

Pailles et lignes Une paille est bidimensionnelle mais, si son diamètre est suffisamment petit – ou si elle est vue de loin –, elle apparaît unidimensionnelle, comme une ligne.

des particules ponctuelles, des membranes bidimensionnelles, des blobs tridimensionnels, ainsi que d'autres objets encore plus difficiles à représenter car ils occupent un nombre supérieur de dimensions spatiales, jusqu'à neuf. Ces objets portent le nom de p-branes (p allant de 0 à 9).

Qu'en est-il du nombre gigantesque de manières de replier les petites dimensions ? En M-théorie, on ne peut replier n'importe comment ces dimensions spatiales surnuméraires car les mathématiques de la théorie imposent des contraintes sur le repliement. La forme exacte de l'espace interne détermine à la fois les constantes physiques, telle que la charge de l'électron et la nature des interactions entre particules élémentaires. En d'autres termes, elle détermine les lois apparentes de la nature. Elles sont dites « apparentes » car ce sont les lois que l'on observe dans notre Univers – les lois des quatre interactions fondamentales ou encore les paramètres comme les masses et les charges qui caractérisent les particules élémentaires. Mais les vraies lois fondamentales sont en fait celles de la M-théorie.

Ces dernières, les lois de la M-théorie, permettent par conséquent de créer des univers différents ayant des lois apparentes différentes, en fonction du repliement de leur espace interne. La M-théorie admet ainsi des solutions qui autorisent de nombreux espaces internes possibles, sans doute autour de 10^{100}, ce qui signifie qu'elle permet de créer 10^{100} univers différents, chacun étant doté de ses lois propres. Voici comment se faire une idée de ce que cela représente : si un être pouvait analyser les lois prédites pour chacun de ces univers en moins d'une milliseconde et que cet être avait commencé à travailler à l'instant du Big Bang, il n'aurait aujourd'hui étudié que 10^{20} de ces univers. Et je ne compte pas les pauses café.

Il y a de cela plusieurs siècles, Newton a démontré que des équations mathématiques pouvaient donner une description spectaculairement précise des interactions entre les corps, à la fois sur Terre et dans les cieux. Les scientifiques ont cru un temps qu'on pourrait révéler le futur de l'Univers entier si l'on disposait à la fois de la bonne théorie et d'une capacité de calcul suffisante. Puis sont venus l'incertitude quantique, l'espace courbe, les quarks, les cordes, les dimensions supplémentaires et le résultat de cet effort colossal, ce sont 10^{100} univers, chacun doté de ses lois propres, et dont un seul correspond à l'univers que nous connaissons. Il est possible qu'il faille aujourd'hui abandonner l'espoir originel des physiciens de procuire une théorie unique capable d'expliquer les lois apparentes de notre Univers comme conséquence unique de quelques hypothèses simples. Où cela nous mène-t-il ? Si la M-théorie autorise 10^{100} ensembles de lois apparentes, comment se fait-il que nous ayons hérité de cet Univers-là et des lois apparentes que nous connaissons ? Et qu'en est-il des autres mondes possibles ?

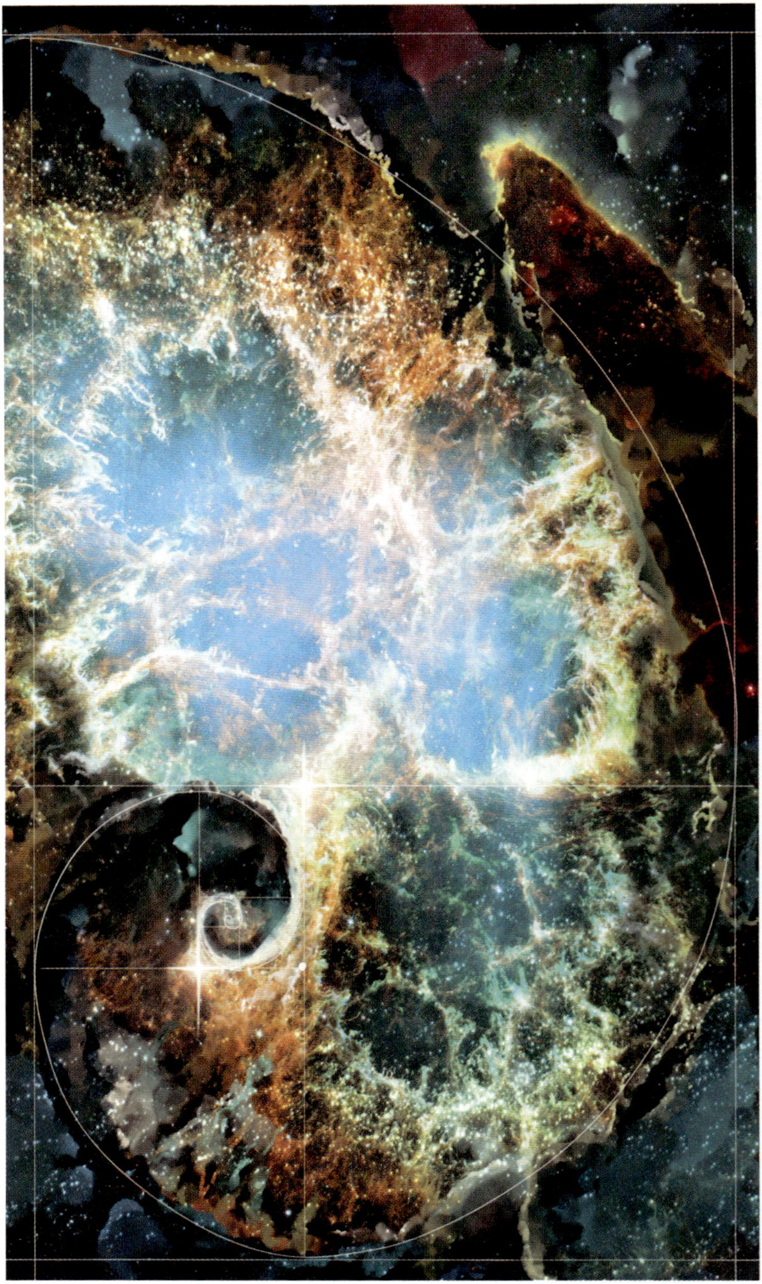

6

CHOISISSONS NOTRE UNIVERS

Pour le peuple Boshongo d'Afrique centrale, au commencement seuls existaient l'obscurité, l'eau et le grand dieu Bumba. Un jour, ce dernier, souffrant de douleurs à l'estomac, vomit le Soleil qui assécha l'eau et fit apparaître les terres. Bumba, toujours souffrant, continua toutefois de vomir. Ainsi vinrent la Lune, les étoiles, puis quelques animaux : le léopard, le crocodile, la tortue et pour finir l'homme. Les Mayas originaires du Mexique et d'Amérique centrale évoquent une époque similaire d'avant la création quand n'existaient que la mer, le ciel et le Créateur. Dans la légende maya, le Créateur, frustré de n'avoir personne pour le vénérer, créa la Terre, les montagnes, les arbres et la plupart des animaux. Or les animaux ne parlaient pas. Il décida donc de créer les hommes. Il fabriqua les premiers hommes à partir de glaise et de terre, mais ceux-ci disaient n'importe quoi. Il les fit donc disparaître dans l'eau et en créa de nouveaux, cette fois à partir de bois. Ces hommes étaient stupides. Il voulut également les détruire, mais ces derniers s'enfuirent dans la forêt. Dans leur fuite, ils s'abîmèrent et se modifièrent pour donner nos singes actuels. Après ce fiasco, le Créateur opta finalement pour une formule qui s'avéra être la bonne, construisant les hommes à partir de maïs blanc et jaune. On produit de nos jours de l'alcool à partir du maïs, mais on n'a toujours pas égalé la prouesse du Créateur consistant à fabriquer les gens qui le boivent.

Tous ces mythes de la Création s'efforcent de répondre aux questions posées dans ce livre : pourquoi y a-t-il un Univers et pourquoi se présente-t-il ainsi ? Depuis la Grèce antique, la qualité de cette réponse s'est sans cesse améliorée, gagnant même considérablement en profondeur au cours du siècle dernier. Forts du bagage scientifique acquis aux chapitres précédents, nous sommes maintenant en mesure de proposer une possible réponse à ces questions.

Tout d'abord, il est rapidement apparu que l'Univers était une création très récente ou bien que l'homme n'avait existé que pendant une très faible fraction de l'histoire cosmique. En effet, au vu de l'accroissement foudroyant des connaissances et des techniques dont dispose la race humaine, eût-elle existé depuis des millions d'années que sa maîtrise dans ce domaine devrait être à ce jour bien supérieure.

Il est écrit dans l'Ancien Testament que Dieu a attendu le sixième jour de la Genèse pour créer Adam et Ève. L'évêque Ussher, primat d'Irlande de 1625 à 1656, a établi quant à lui l'origine du monde avec encore plus de précision : 9 heures du matin le 27 octobre 4004 av. J.- C. L'opinion aujourd'hui communément admise est différente : l'être humain est une création récente, mais l'Univers est lui-même bien plus ancien, son origine remontant à près de 13,7 milliards d'années.

Les premiers indices de l'existence d'une origine de l'Univers sont apparus dans les années 1920. Comme nous l'avons vu au chapitre 3, la plupart des scientifiques croyaient à cette époque en un Univers stationnaire existant depuis toujours. Les preuves du contraire sont apparues de façon indirecte et se fondent sur les observations d'Edwin Hubble effectuées au télescope du mont Wilson, dans les collines de Pasadena en Californie. En analysant le spectre de la lumière émise par des galaxies lointaines, Hubble a pu déterminer qu'elles s'éloignaient de nous et ce, d'autant plus rapidement qu'elles étaient lointaines. En 1929, il a publié une loi reliant leur vitesse d'éloignement à notre distance à elles, d'où il a conclu que l'Univers est en expansion. Si tel est le cas, cela signifie donc qu'auparavant, l'Univers était plus petit. En fait, si on extrapole au passé lointain, toute la matière et l'énergie ont dû être à un moment concentrées dans une minuscule région d'une densité et d'une température inimaginables. Et si on continue de remonter dans le passé, il a dû exister un instant où tout a commencé – c'est cet événement que l'on appelle aujourd'hui le Big Bang.

L'idée selon laquelle l'Univers serait en expansion réclame un peu de subtilité. Par exemple, on ne doit pas se représenter l'Univers en expansion comme une maison que l'on agrandirait en abattant un mur pour construire une salle de bains là où trônait auparavant un chêne majestueux. L'espace proprement dit ne s'*étend* pas ; c'est la distance entre deux points quelconques à l'*intérieur* de l'Univers qui s'accroît. Cette idée, lorsqu'elle a émergé dans les années 1930, a fait l'objet de vives controverses, mais c'est sans doute l'astronome Arthur Eddington de l'Université de Cambridge qui en a proposé en 1931 l'une des meilleures représentations. Eddington se figurait l'Univers comme la surface d'un ballon de baudruche que l'on gonfle tandis que les galaxies étaient des points à sa surface. Cette image permet de comprendre clairement la raison pour laquelle les galaxies lointaines s'éloignent plus rapidement que celles qui sont proches. Ainsi, si le rayon du ballon double toutes les heures, la distance entre deux galaxies quelconques sur le ballon double toutes les heures. Si, à un instant donné, deux galaxies sont distantes de 1 centimètre, elles seront distantes une heure plus tard de 2 : elles sembleront donc s'éloigner l'une de l'autre à la vitesse de 1 centimètre par heure. En revanche, si elles sont initialement distantes de 2 centimètres, elles seront une heure plus tard distantes de 4, ce qui correspond à une vitesse relative d'éloignement de 2 centimètres par heure. Or c'est exactement ce que Hubble a découvert : plus la galaxie est lointaine, plus elle s'éloigne rapidement.

Il est important de comprendre que la dilatation de l'espace n'affecte en rien la taille des objets matériels tels que les galaxies, les étoiles, les pommes, les atomes ou tout autre objet dont la cohésion est assurée par des interactions. Si on entoure par exemple un amas de galaxies sur le ballon, le cercle ainsi formé ne s'agrandira pas au rythme de l'expansion du ballon. Bien au contraire, l'ensemble étant maintenu par les forces gravitationnelles, le cercle tout comme les galaxies conservent leur taille et leur configuration au cours de l'expansion. Cette remarque joue un rôle important car cette expansion n'est détectable que parce que nos instruments ont une taille fixée. Si tout se dilatait librement, alors nous, nos doubles décimètres,

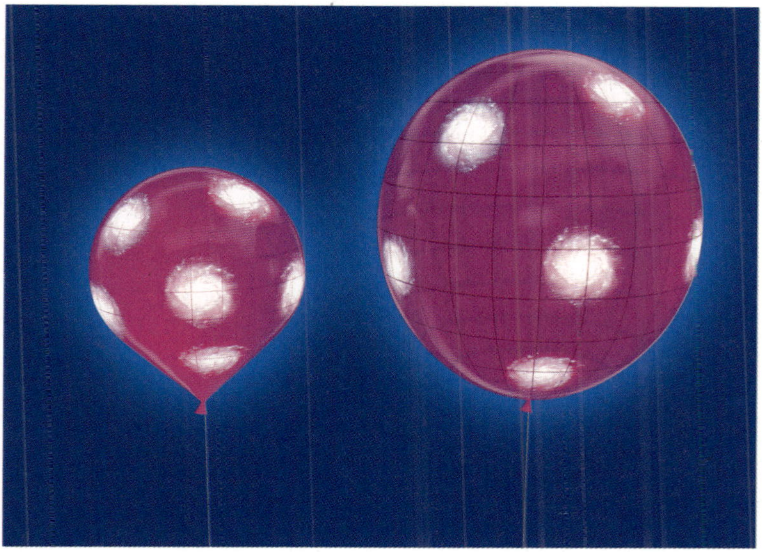

Univers ballon Des galaxies distantes s'éloignent de nous comme si le cosmos tout entier était à la surface d'un gigantesque ballon.

nos laboratoires et tout le reste nous dilaterions proportionnellement sans jamais remarquer de différence aucune.

Einstein ne s'attendait pas à ce que l'Univers fût en expansion, même si, quelques années avant que Hubble ne publie ses articles, on avait déjà avancé l'hypothèse de galaxies s'éloignant les unes des autres en se fondant sur des arguments théoriques utilisant les propres équations d'Einstein. En 1922, le physicien et mathématicien russe Alexander Friedmann s'était ainsi interrogé sur l'évolution ultérieure d'un modèle d'univers satisfaisant deux hypothèses simplificatrices, à savoir qu'il apparaisse identique à la fois dans toutes les directions et depuis n'importe quel point d'observation.

On sait que la première hypothèse de Friedmann n'est pas rigoureusement exacte – heureusement, l'Univers n'est pas uniforme dans toutes les directions. Si on lève les yeux, on peut voir le Soleil, la Lune ou encore le vol d'une colonie de chauves-souris vampires. Mais il est vrai que l'Univers apparaît grossièrement identique quelle que soit la direction quand on l'observe à une échelle bien supérieure – supérieure même à des distances intergalactiques. C'est un peu comme lorsqu'on survole une forêt. Si on vole suffisamment bas, on peut au mieux distinguer chacune des feuilles sinon les arbres et les trous de végétation. Mais si on vole tellement haut qu'en tendant le doigt, on peut recouvrir un kilomètre carré de forêt, alors cette dernière prend une teinte verte continue. À cette échelle, la forêt est perçue comme uniforme.

S'appuyant sur ces hypothèses, Friedmann avait pu mettre en évidence une solution des équations d'Einstein où l'Univers était l'objet d'une expansion similaire à celle que Hubble allait bientôt découvrir. En particulier, le modèle d'univers de Friedmann partait d'une taille nulle et se dilatait jusqu'à ce que l'attraction gravitationnelle freine sa course et qu'il finisse par s'effondrer à nouveau sur lui-même. (Il existe en fait deux autres types de solutions des équations d'Einstein qui satisfont les hypothèses de Friedmann, l'une correspondant à un univers dont l'expansion se poursuit indéfiniment tout en ralentissant, l'autre correspondant à une expansion dont la vitesse tend asymptotiquement vers zéro sans jamais l'atteindre.) Friedmann est mort quelques années après avoir mené ces travaux et ses idées sont demeurées largement dans l'ombre même après la découverte de Hubble. Cependant, en 1927, un professeur de physique du nom de Georges Lemaître, par ailleurs prêtre catholique, a proposé à son tour une idée similaire : si on remonte l'histoire de l'Univers, la taille de ce dernier doit progressivement diminuer jusqu'à ce qu'on rencontre un événement créateur – événement connu aujourd'hui sous le nom de Big Bang.

Ce concept n'a pas vraiment suscité l'assentiment général. En fait, le terme même « Big Bang » a été forgé en 1949 par un astrophysicien de Cambridge, Fred Hoyle, afin de tourner cette hypothèse en dérision car lui défendait l'idée d'un univers en expansion indéfinie. Il a fallu attendre 1965 pour en voir les premières confirmations directes avec la découverte de l'existence d'un rayonnement micro-ondes faible baignant l'espace. Ce fond diffus cosmologique (ou CMBR pour *Cosmic Microwave Background Radiation*) est, en beaucoup moins puissant, identique au rayonnement de votre four à micro-ondes. Vous pouvez d'ailleurs l'observer vous-même en réglant votre téléviseur sur un canal inoccupé : il est à l'origine d'une petite partie de la neige apparaissant sur l'écran. Ce rayonnement a été découvert accidentellement par deux scientifiques des Laboratoires Bell qui s'échinaient à se débarrasser d'un bruit stationnaire polluant leurs antennes micro-ondes. Ils avaient d'abord injustement incriminé les fientes de pigeons qui jonchaient leur appareil, mais il s'est avéré que l'origine de leurs problèmes était en définitive beaucoup plus intéressante – le CMBR est le rayonnement fossile de l'Univers primordial très chaud et très dense qui a existé juste après le Big Bang. Au cours de sa dilatation, l'Univers s'est ensuite progressivement refroidi jusqu'à ne laisser subsister de ce rayonnement initial que la trace ténue que nous observons aujourd'hui. Ces micro-ondes-là ne pourraient chauffer votre nourriture qu'à une température de -270 degrés Celsius – environ trois degrés au-dessus du zéro absolu, ce qui ne permet pas vraiment de faire du pop-corn.

Les astronomes ont également découvert d'autres indices qui viennent étayer l'image du Big Bang, autrement dit d'un univers initial chaud et confiné. Par exemple, lors de sa première minute d'existence, la température de l'Univers a dû être supérieure à celle régnant au cœur d'une étoile ordinaire. L'Univers entier s'est alors comporté comme un gigantesque réacteur à fusion nucléaire. Ces réactions ont dû cesser lorsqu'il s'est dilaté et refroidi suffisamment, mais la théorie prédit que l'univers résultant devait être essentiellement composé d'hydrogène, de 23 % d'hélium et de quelques traces de lithium. (Les éléments plus lourds ont été synthétisés ultérieurement, à l'intérieur des étoiles.) Or ce calcul est en bon accord avec les quantités d'hélium, d'hydrogène et de lithium observées aujourd'hui.

Les mesures d'abondance d'hélium et l'existence du CMBR sont autant de preuves convaincantes à l'appui d'un Univers primordial analogue à celui du Big Bang. Pourtant, même si cette théorie nous fournit une description valable des premiers instants de l'Univers, on aurait tort de la prendre au pied de la lettre et de croire que la théorie d'Einstein dépeint la vérité sur l'*origine* de l'Univers. La raison en est que la relativité générale prédit l'existence d'un point temporel où la température, la densité et la courbure sont toutes infinies, une situation connue des mathématiciens sous le nom de singularité. Pour un physicien, cela signifie simplement que la théorie d'Einstein bute en ce point et que, par conséquent, on ne peut l'utiliser pour comprendre les premiers instants de l'Univers mais seulement son évolution ultérieure. Si on peut donc exploiter les équations de la relativité générale et nos observations célestes pour comprendre l'Univers primordial, il n'est en revanche pas correct de pousser l'image du Big Bang jusqu'à l'instant initial.

Nous reviendrons bientôt sur l'origine de l'Univers, mais il nous faut maintenant évoquer les premiers instants de l'expansion, une période que les physiciens appellent inflation. À moins d'avoir vécu au Zimbabwe où l'inflation monétaire a récemment dépassé les 200 000 000 %, le terme ne suggère pas réellement une explosion. Pourtant, même dans les scénarios les plus prudents, on estime que l'Univers s'est dilaté durant cette inflation cosmologique d'un facteur 1 000 000 000 000 000 000 000 000 000 000 en 0,000000 00000000000000000000000000001 seconde. C'est un peu comme si une pièce d'un centimètre de diamètre s'était soudainement dilatée pour atteindre une taille supérieure à dix millions de fois celle de la Voie lactée. On pourrait croire que cela va à l'encontre de la relativité qui impose que rien ne peut se déplacer plus vite que la lumière, mais en fait cette limite de vitesse ne s'applique pas à l'expansion de l'espace lui-même.

C'est en 1980 qu'a été pour la première fois envisagée la possibilité d'un tel épisode inflationniste en se fondant sur des considérations qui dépassent la théorie de la relativité générale et incluent des aspects de la théorie quantique. Une théorie quantique complète de la gravitation nous faisant défaut, certains détails nous échappent et les physiciens ne peuvent expliquer en détail le mécanisme de cette inflation. Les théories actuelles nous disent toutefois que, contrairement à la vision classique du Big Bang, l'expansion engendrée par cette inflation n'a pas dû être *complètement* uniforme. Des irrégularités ont dû produire des variations infimes de la température du CMBR dans différentes directions. Ces variations, trop imperceptibles pour être observées dans les années 1960, furent découvertes en 1992 par le satellite COBE de la NASA et mesurées plus tard par son successeur, le satellite WMAP lancé en 2001. S'appuyant sur l'ensemble de ces données, on a aujourd'hui de bonnes raisons de penser que cette inflation s'est effectivement produite.

Non sans ironie, même si les variations infimes du CMBR viennent étayer l'hypothèse de l'inflation, c'est bien l'uniformité quasi parfaite de la température de ce CMBR qui donne toute son importance au concept d'inflation. Si vous attendez après avoir chauffé spécifiquement une partie d'un objet, la partie chaude va progressivement se refroidir tandis que les alentours se réchaufferont jusqu'à l'établissement d'une température uniforme dans tout l'objet. De la même manière, on pourrait s'attendre à ce que l'Univers finisse par atteindre une température uniforme. Mais ce processus réclame du temps et, en l'absence d'inflation, l'histoire entière de l'Univers n'aurait pas suffi à uniformiser la chaleur entre des régions très éloignées, même à supposer que la vitesse d'un tel échange ne soit limitée que par la vitesse de la lumière. À l'inverse, une période d'expansion très rapide (bien plus que la vitesse de la lumière) pallie ce défaut car un très court instant suffit à effectuer cette égalisation dans le minuscule Univers primordial d'avant l'inflation.

Le concept d'inflation explique ainsi le « Bang » du Big Bang, au moins en proposant un scénario d'expansion bien plus intense que celui prédit par la théorie relativiste générale traditionnelle du Big Bang. Malheureusement, pour que nos modèles théoriques de l'inflation puissent fonctionner, il faut placer l'Univers dans un état initial réglé de façon très spéciale et très improbable. La théorie classique de l'inflation, tout en résolvant un ensemble de problèmes, en crée donc un nouveau – la nécessité d'un état initial très spécial. Or cette question de l'état initial disparaît dans la théorie de la création de l'Univers que nous allons maintenant décrire.

Face à l'impossibilité d'utiliser la théorie de la relativité générale d'Einstein pour décrire la création, il nous faut remplacer celle-ci par une théorie plus complète. Cette théorie plus complète serait de toute façon nécessaire car la relativité générale ne permet pas de rendre compte de la structure intime de la matière, cette dernière étant gouvernée par la théorie quantique. Par ailleurs, nous avons vu au chapitre 4 que, pour la plupart des cas pratiques, la théorie quantique n'est pas utile à l'étude des structures macroscopiques de l'Univers car elle s'attache à décrire la nature à des échelles microscopiques. Cependant, on peut en remontant assez loin dans le temps retrouver un Univers dont la taille est comparable à la longueur de Planck, de l'ordre de dix milliardièmes de milliardième de milliardième de milliardième de mètre, échelle à laquelle la théorie quantique doit être prise en compte. On sait donc, même en l'absence d'une théorie quantique complète de la gravitation, que l'origine du monde a été un événement quantique. Par conséquent, de la même manière que nous avons combiné – au moins en pensée – la théorie quantique et la relativité générale pour en déduire la théorie de l'inflation, il nous faut maintenant, pour remonter jusqu'aux origines de l'Univers, combiner ce que nous savons de la relativité générale et de la théorie quantique.

Pour ce faire, il est essentiel de comprendre que la gravitation courbe l'espace et le temps. La courbure de l'espace est plus facile à visualiser que celle du temps. Imaginez que l'Univers soit la surface plane d'un billard. La surface est un espace plat, au moins en deux dimensions. Si vous faites rouler une boule sur le billard, elle se déplace en ligne droite. Si la surface

Espace courbe La matière et l'énergie courbent l'espace, modifiant les trajectoires des objets.

est déformée ou bosselée par endroits, comme dans l'illustration ci-contre, alors la trajectoire de la boule s'incurve.

On aperçoit aisément toute déformation de la surface du billard car cette déformation s'effectue selon la troisième dimension que l'on peut aussi voir. En revanche, comme il nous est impossible de sortir de notre propre espace-temps pour l'observer, imaginer sa déformation est plus difficile. On peut cependant en détecter la courbure sans pour autant l'examiner depuis un espace plus grand. Imaginez une fourmi microscopique contrainte à se déplacer à la surface du billard. Même sans quitter cette surface, la fourmi peut détecter la courbure en cartographiant soigneusement les distances. Par exemple, la distance parcourue en suivant un cercle dans un espace plat est toujours légèrement supérieure à trois fois la distance le long d'un diamètre de ce cercle (le facteur multiplicatif exact étant π). Si la fourmi traverse de part en part un cercle qui entoure le puits représenté dans l'image du billard ci-dessus, elle va s'apercevoir que la distance à parcourir est plus grande que prévu, plus grande que le tiers de la distance qu'elle aurait parcourue si elle avait suivi le bord du cercle. En réalité, si le puits est suffisamment profond, la fourmi va s'apercevoir que la distance parcourue sur le bord du cercle est plus courte que la distance parcourue en le traversant. Il en va de même pour la courbure dans notre Univers – elle étire et comprime les distances entre les points de l'espace, modifiant sa géométrie et sa forme, d'une façon mesurable depuis l'intérieur de l'Univers lui-même. La courbure du temps, quant à elle, étire et comprime les intervalles de temps.

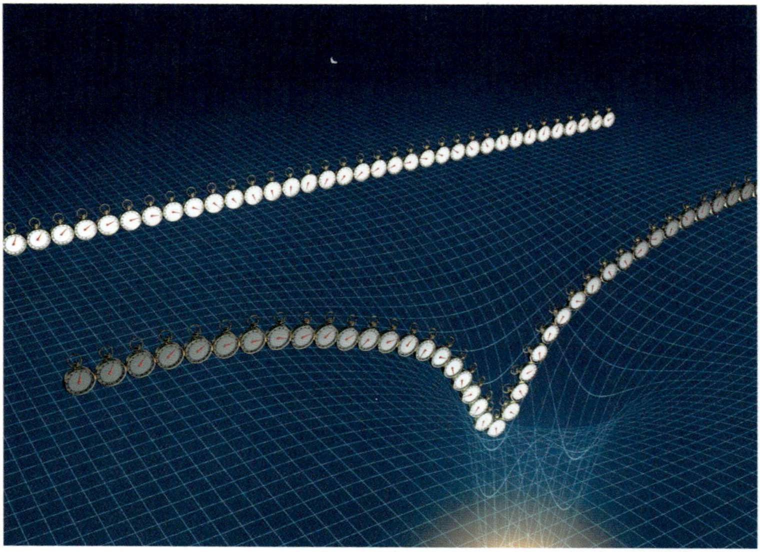

Espace-temps courbe La matière et l'énergie courbent le temps, conduisant ainsi la dimension temporelle à se « mélanger » aux dimensions spatiales.

Bardés de ces concepts, nous pouvons maintenant examiner de nouveau la question du début de l'Univers. Bien qu'on puisse évoquer séparément espace et temps, comme nous le faisons ici, dans des situations où les vitesses et la gravité sont faibles, en général ces deux entités peuvent s'entremêler. Or c'est exactement ce qui se produit lorsqu'on les étire ou les comprime. Cet entrelacement est un ingrédient essentiel à la compréhension de l'origine des temps et de l'Univers.

La question de l'origine des temps est en quelque sorte analogue à celle du bord du monde. À l'époque où on pensait que le monde était plat, certains ont dû se demander si la mer tombait en arrivant au bord. L'expérience a permis de répondre à cette question : il était possible de faire le tour du monde sans tomber. La question du bord du monde a en réalité été résolue lorsqu'on a compris que la Terre n'était pas une assiette plate, mais une surface courbée. Le temps, en revanche, nous apparaissait comme une voie de chemin de fer. Si commencement il y avait, il avait bien fallu quelqu'un (autrement dit Dieu) pour lancer les trains. Même après que la relativité générale eut unifié temps et espace en une seule entité appelée espace-temps, le temps continuait de se distinguer de l'espace : soit il avait un commencement, soit il existait depuis toujours. En revanche, dès qu'on incorpore les effets quantiques dans la théorie relativiste, dans certains cas extrêmes la courbure peut être si intense qu'elle amène le temps à se comporter comme une dimension supplémentaire d'espace.

Dans l'Univers primordial – si concentré qu'il était régi à la fois par la relativité générale et la physique quantique – coexistaient effectivement quatre dimensions d'espace et aucune de temps. Cela signifie que, lorsque nous parlons de « commencement » de l'Univers, nous éludons habilement un subtil problème : aux premiers instants de l'Univers, le temps tel que nous le connaissons n'existait pas ! De fait, nous devons admettre que notre conception familière de l'espace et du temps ne s'applique pas à l'Univers primordial. Cela échappe peut-être à notre entendement ordinaire, mais pas à notre imagination ni à nos mathématiques. Pour autant, si les quatre dimensions se comportent dans cet Univers naissant comme des dimensions d'espace, qu'advient-il du commencement des temps ?

Comprendre que le temps se comporte comme une direction d'espace supplémentaire permet en réalité d'évacuer le problème du commencement des temps comme nous avons évacué la question du bord du monde. Supposons que le commencement de l'Univers corresponde au pôle Sud terrestre, les degrés de latitude jouant le rôle du temps. À mesure que l'on va vers le nord, les cercles de latitude constante qui représentent la taille de l'Univers vont s'agrandissant. L'Univers débuterait ainsi comme un point au pôle Sud, à ceci près que le pôle Sud ressemble à n'importe quel autre point. Se demander ce qui préexistait à l'Univers n'a alors plus de sens car il n'y a rien au sud du pôle Sud. Dans cette image, l'espace-temps n'a pas de frontière – les lois de la nature sont les mêmes au pôle Sud que partout ailleurs. De la même manière, lorsqu'on combine relativité générale et physique quantique, la question de ce qu'il y avait avant le commencement de l'Univers perd tout sens. Ce concept consistant à voir les histoires possibles comme des surfaces fermées sans frontière porte le nom de condition sans bord.

Au cours des siècles, nombreux ont été ceux qui, tel Aristote, ont cru que l'Univers était présent depuis toujours, évitant ainsi d'affronter l'écueil de sa création. D'autres au contraire ont imaginé qu'il avait eu un commencement, utilisant cet argument pour prouver l'existence de Dieu. Comprendre que le temps se comporte comme l'espace permet de proposer une version alternative. Celle-ci, écartant l'objection éculée qui s'oppose à tout commencement de l'Univers, s'en remet aux lois de la physique pour expliquer cette création sans recourir à une quelconque divinité.

Si l'origine de l'Univers a été un événement quantique, alors elle doit être précisément décrite par la somme sur toutes les histoires de Feynman. Appliquer la théorie quantique à l'Univers entier – où les observateurs font partie du système étudié – n'est cependant pas chose aisée. Au chapitre 4, nous avons vu comment des particules de matière lancées à travers une double fente peuvent créer des figures d'interférences, à la manière d'ondes se propageant à la surface de l'eau. Feynman a montré que cet effet trouve son origine dans la multiplicité des histoires possibles d'une particule. Plus précisément celle-ci, dans son parcours depuis son point de départ A jusqu'à son point d'arrivée B, n'emprunte pas une trajectoire définie mais essaie simultanément tous les chemins possibles qui connectent A à B. Dans cette vision des choses, les interférences n'ont rien de surprenant car la particule peut très bien par exemple traverser les deux fentes simultanément et donc interférer avec elle-même. Appliquée au mouvement d'une particule, la méthode de Feynman nous dit que, pour calculer la probabilité de présence en n'importe point final, nous devons considérer toutes les histoires possibles de cette particule depuis son départ jusqu'à son arrivée. Par ailleurs, rien ne nous interdit d'utiliser la méthode de Feynman pour calculer les probabilités quantiques correspondant aux observations possibles de l'Univers. Lorsqu'on l'applique à l'Univers entier, le point A n'existe pas et il nous suffit donc d'additionner toutes les histoires qui d'une part satisfont la condition sans bord et d'autre part débouchent sur l'Univers que nous connaissons aujourd'hui.

Dans cette approche, la naissance de l'Univers est un phénomène spontané qui explore tous les scénarios possibles. La plupart de ces scénarios correspondent à d'autres univers qui, bien que parfois similaires au nôtre, sont le plus souvent très différents. Et ces différences ne se limitent pas à certains détails comme par exemple une vraie mort prématurée d'Elvis ou bien des navets au dessert, mais vont jusqu'à affecter les lois apparentes de la nature. En fait, il existe une multitude d'univers auxquels correspondent une multitude de jeux de lois physiques différents. Certains aiment à entourer d'un voile mystérieux cette notion parfois appelée multivers, mais il ne s'agit en fait que de différentes expressions de la somme sur toutes les histoires de Feynman.

Pour illustrer ce point, modifions légèrement l'analogie du ballon d'Eddington pour nous représenter l'Univers comme la surface d'une bulle. Notre image de la création quantique spontanée de l'Univers s'apparente alors à la formation de bulles de gaz dans l'eau bouillante. Quantité de bulles minuscules apparaissent, pour disparaître tout aussitôt. Celles-ci représentent des miniunivers qui croissent mais s'effondrent alors que leur taille est encore microscopique. Ce sont des univers alternatifs possibles, mais sans grand intérêt, car ils ne durent pas assez longtemps pour développer des galaxies, des étoiles, sans parler d'une vie intelligente. Parmi ces bulles minuscules, quelques-unes continuent cependant de croître et évitent ainsi un effondrement rapide. Poursuivant leur expansion à un rythme accéléré, elles vont former les bulles de vapeur que nous observons. Ces bulles correspondent aux univers qui n'en

Multivers Des fluctuations quantiques conduisent à la création d'univers minuscules à partir de rien. Un petit nombre d'entre eux atteignent une taille critique puis se dilatent de façon inflationniste, formant alors galaxies, étoiles et, en définitive, des êtres semblables à nous.

finissent pas de grandir – en d'autres termes, aux univers en expansion.

Comme nous l'avons vu, l'expansion causée par l'inflation ne peut être complètement uniforme. Dans la somme sur les histoires, il n'existe qu'une et une seule histoire complètement uniforme et régulière, qui aura sans doute la probabilité maximale, mais quantité d'autres histoires légèrement irrégulières auront des probabilités très comparables. C'est pourquoi l'inflation prédit un Univers primordial légèrement non uniforme, conforme aux petits écarts de température observés dans le CMBR. Ces irrégularités de l'Univers primordial sont une bénédiction pour nous car, si l'homogénéité peut être souhaitable lorsque vous ne voulez pas séparer la crème du lait, un univers uniforme est en fait un univers ennuyeux. Les irrégularités y jouent un rôle important en induisant, *via* l'interaction gravitationnelle, un ralentissement relatif de l'expansion dans les régions de plus forte densité. À mesure que la gravitation agrège la matière, ce processus peut déboucher sur la formation des galaxies et des étoiles qui à leur tour mènent aux planètes et, au

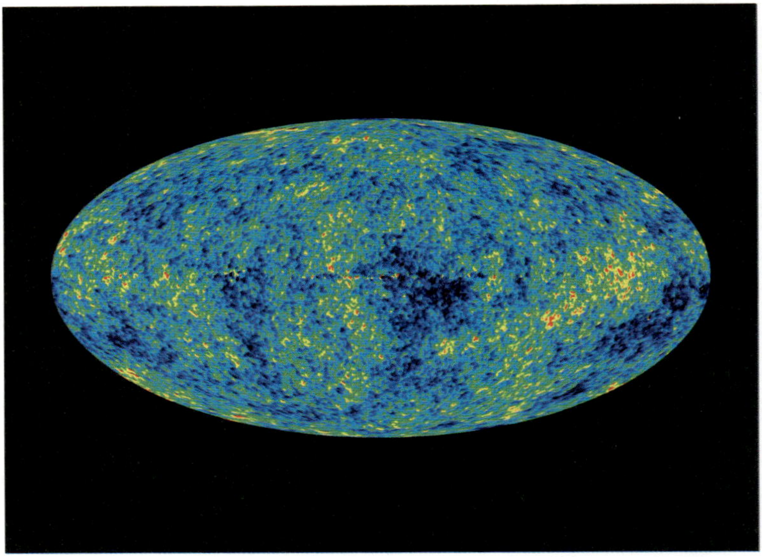

Le fond diffus cosmologique Cette image du ciel a été synthétisée à partir des données recueillies en 2010 depuis sept ans par le satellite WMAP. Elle révèle les fluctuations de température – montrées par des variations de couleur – remontant à 13,7 milliards d'années. Les fluctuations ainsi représentées correspondent à des différences de température inférieures à un millième de degré sur l'échelle Celsius. Elles ont pourtant été les graines qui ont poussé jusqu'à former les galaxies. Crédit NASA/WMAP Science Team.

moins en une occasion, à des personnes. Observez donc attentivement la carte micro-ondes du ciel. Vous pouvez y lire l'empreinte de toute structure dans l'Univers. Nous sommes ainsi le produit des fluctuations quantiques produites au sein de l'Univers primordial. Si on est croyant, on pourrait dire que Dieu joue vraiment aux dés.

Cette notion, qui débouche sur une conception de l'Univers profondément différente de la vision traditionnelle, va nous demander de reconsidérer notre rapport à l'histoire de l'Univers. Ainsi, pour réaliser des prédictions en cosmologie, nous allons devoir calculer les probabilités correspondant aux divers états actuels de l'Univers tout entier. En physique, l'approche classique consiste à se donner l'état initial d'un système, état que l'on fait ensuite évoluer en utilisant les équations mathématiques appropriées. Connaissant l'état du système à un instant donné, on s'efforce de calculer la probabilité que le système occupe un autre état quelque temps plus tard. Dans l'hypothèse classique en cosmologie où l'Univers a une histoire unique et bien définie, on peut donc utiliser les lois de la physique pour calculer le déroulement de cette histoire au cours du temps. C'est l'approche dite *bottom-up* ou ascendante de la cosmologie. Toutefois, comme l'on doit tenir compte de la nature quantique de l'Univers telle qu'elle apparaît dans la somme sur les histoires de Feynman, l'amplitude de probabilité pour que l'Univers soit dans un état donné s'obtient maintenant en sommant les contributions de toutes les histoires qui satisfont la condition sans bord et qui débouchent sur l'état en question. Autrement dit, en cosmologie, il faut renoncer à voir l'histoire de l'Univers selon une approche ascendante supposant une histoire unique avec un point de départ et une évolution, mais au contraire adopter une approche descendante en remontant le cours des histoires possibles à partir du présent. Certaines histoires seront plus probables que d'autres et la somme sera sans doute dominée par une seule histoire qui part de la création de l'Univers pour culminer dans l'état considéré. On trouvera également des histoires différentes correspondant à d'autres états actuels possibles de l'Univers. Voilà qui nous conduit à une conception radicalement différente de la cosmologie et de la relation de cause à effet car les histoires qui contribuent à la somme de Feynman n'ont pas d'existence indépendante : elles dépendent de ce que l'on mesure. Ainsi, nous créons l'histoire par notre observation plutôt que l'histoire nous crée.

Dénier à l'Univers une histoire unique, indépendante de l'observateur peut sembler aller à l'encontre de faits *a priori* connus. On pourrait ainsi imaginer une histoire dans laquelle la Lune est en roquefort. Mais, mauvaise nouvelle pour les souris, on sait déjà que la Lune n'est pas constituée de fromage. Par conséquent, les histoires où la Lune est en fromage ne contribuent pas à l'état actuel de l'Univers même si elles peuvent contribuer à d'autres. On pourrait croire qu'il s'agit de science-fiction, mais ça n'en est pas.

Une conséquence importante de l'approche descendante est que les lois apparentes de la nature dépendent de l'histoire de l'Univers. De nombreux scientifiques croient en l'existence d'une théorie unique capable d'expliquer ces lois ainsi que les constantes fondamentales de la physique comme la masse de l'électron ou la dimensionnalité de l'espace-temps. Toutefois, l'approche descendante de la cosmologie nous montre que des histoires différentes peuvent conduire à des lois apparentes de la nature différentes.

Considérons par exemple la dimension apparente de l'Univers. Dans la M-théorie, l'espace-temps compte dix dimensions d'espace et une de temps. Sept de ces dimensions d'espace sont supposées repliées à une échelle si réduite que nous ne les remarquons même pas, nous laissant ainsi l'illusion de trois dimensions résiduelles, celles que nous connaissons bien. L'une des questions fondamentales encore ouvertes en M-théorie est donc : pourquoi n'y a-t-il pas, dans notre Univers, plus de dimensions visibles et pourquoi certaines dimensions sont-elles repliées ?

Nombreux sont ceux à vouloir croire qu'un mécanisme provoque spontanément le repliement de toutes les dimensions sauf trois. Ou, autre possibilité, que toutes les dimensions étaient initialement également réduites et que, par un mécanisme restant à découvrir, seules trois dimensions d'espace se sont dilatées tandis que les autres n'évoluaient pas. Il semble pourtant qu'aucune raison dynamique ne justifie l'apparition d'un Univers quadridimensionnel. Bien au contraire, la cosmologie descendante prédit qu'aucun principe physique ne fixe le nombre de grandes dimensions. À chaque valeur possible du nombre de grandes dimensions, de zéro à dix, correspond une amplitude de probabilité. La somme de Feynman autorise donc toutes les valeurs possibles mais notre observation d'un Univers seulement pourvu de trois grandes dimensions d'espace sélectionne parmi toutes les histoires la sous-classe de celles qui possèdent cette propriété. En d'autres termes, parler de la probabilité quantique que le nombre de dimensions d'espace de notre Univers soit supérieur ou inférieur à trois n'a aucun sens car l'on sait déjà que nous vivons dans un univers à trois grandes dimensions d'espace. Peu importe donc la valeur exacte de cette amplitude de probabilité comparée aux amplitudes des autres nombres de dimensions, pourvu qu'elle soit non nulle. Cela reviendrait à s'interroger sur l'amplitude de probabilité pour que le pape actuel soit chinois. On sait bien qu'il est allemand même si la probabilité pour qu'il soit chinois est supérieure car il y a plus de Chinois que d'Allemands. De même, on sait que notre Univers possède trois grandes dimensions d'espace et, même si d'autres valeurs ont des amplitudes de probabilité supérieures, seules les histoires à trois dimensions nous intéressent.

Quid des dimensions repliées ? Rappelez-vous qu'en M-théorie, la forme précise des dimensions restantes qui constituent l'espace interne détermine non seulement les valeurs de quantités physiques comme la charge de l'électron mais aussi la nature des interactions entre particules élémentaires, autrement dit les interactions fondamentales. Dans un scénario idéal, la M-théorie n'aurait permis qu'une forme unique pour les dimensions repliées, ou même un petit nombre de formes dont toutes sauf une auraient été exclues pour une raison ou pour une autre, n'autorisant en définitive qu'un seul choix pour les lois apparentes de la nature. La réalité est tout autre : il semble qu'on puisse attribuer des probabilités d'amplitude à pas moins de 10^{100} espaces internes différents, chacun de ces espaces débouchant sur des lois et des valeurs de constantes fondamentales différentes.

Dans une construction ascendante de l'histoire de la cosmologie, rien ne permet de justifier que l'Univers soit doté d'un espace interne correspondant aux interactions fondamentales que nous observons, autrement dit le modèle standard (des interactions entre particules élémentaires). En revanche, dans l'approche descendante, nous admettons l'existence d'univers dotés de tous les espaces internes possibles. Dans certains univers, les électrons ont le poids d'une balle de golf et la gravitation est plus forte que le magnétisme. Dans le nôtre, c'est le modèle standard avec tous ses paramètres qui s'applique. Il est bien évidemment possible, en tenant compte de la condition sans bord, de calculer l'amplitude de probabilité de déboucher sur un espace interne correspondant au modèle standard. Mais, comme pour la probabilité d'avoir trois grandes dimensions d'espace, peu importe si cette amplitude est faible en regard des autres car nous avons déjà constaté que c'est le modèle standard qui décrit notre Univers.

La théorie décrite dans ce chapitre peut être testée. Dans les exemples précédents, nous avons expliqué pourquoi il est inutile de faire intervenir les amplitudes de probabilité relatives à des univers radicalement différents, comme ceux n'ayant pas le même nombre de grandes dimensions d'espace. En revanche, les amplitudes de probabilité des univers voisins (c'est-à-dire similaires) sont, elles, importantes. La condition sans bord implique ainsi que l'amplitude de probabilité est supérieure pour les histoires où l'Univers est initialement complètement régulier, tandis qu'elle est réduite pour les univers irréguliers. On peut en déduire que l'Univers primordial a dû être pratiquement lisse, avec simplement quelques aspérités. Comme nous l'avons remarqué, on peut observer ces irrégularités dans les faibles variations des micro-ondes qui nous parviennent des différentes directions du ciel. Or les valeurs mesurées correspondent exactement aux exigences formulées par la théorie de l'inflation ; en revanche, la précision des mesures ne nous permet pas encore de séparer complètement la théorie descendante des autres, que ce soit pour l'infirmer ou la confirmer. Voilà une tâche dont pourraient s'acquitter dans l'avenir de futurs satellites.

Il y a de cela plusieurs siècles, on croyait la Terre unique et située au centre de l'Univers. On sait aujourd'hui qu'il existe des centaines de milliards d'étoiles dans notre galaxie dont une grande partie est dotée d'un système planétaire, et qu'il existe par ailleurs des centaines de milliards de galaxies. Les résultats que nous avons présentés au cours de ce chapitre nous indiquent que notre Univers n'est également qu'un parmi tant d'autres, et que ses lois apparentes ne sont pas déterminées de façon unique. Voilà qui doit être bien décevant pour ceux qui espéraient qu'une théorie ultime, une théorie du Tout, allait prédire la nature de la physique que nous connaissons. Certes, on ne peut prédire des quantités discrètes comme le nombre de grandes dimensions d'espace, ni l'espace interne qui détermine les quantités physiques que nous observons (*i.e.* la masse et la charge de l'électron et des autres particules élémentaires). On peut toutefois utiliser ces nombres pour sélectionner les histoires qui contribuent à la somme de Feynman.

Il semble que nous soyons arrivés à un point critique de l'histoire des sciences où il nous faut modifier notre conception des buts et des conditions qui rendent une théorie physique admissible. Les quantités fondamentales et même la forme des lois apparentes de la nature ne s'avèrent déterminées ni par la logique ni par un principe physique. Les paramètres sont ainsi libres d'adopter toutes sortes de valeurs et les lois de prendre toute forme qui mène à une théorie mathématique cohérente. C'est d'ailleurs ce qui se produit dans d'autres univers. Notre anthropocentrisme naturel, voire notre aspiration à découvrir un bel ensemble contenant toutes les lois physiques risquent d'en souffrir, mais il semble bien que la nature soit ainsi faite.

Le paysage des univers possibles apparaît incroyablement vaste. Pourtant, comme nous le verrons au chapitre suivant, les univers qui peuvent abriter une vie analogue à celle que nous connaissons sont rares. Nous habitons l'un d'eux, mais de très légères modifications pourraient interdire cette vie. Comment comprendre cet ajustement fin ? Est-ce la preuve que l'Univers a été conçu par un créateur bienfaisant ? Ou bien la science a-t-elle une autre explication à offrir ?

7

LE MIRACLE APPARENT

On raconte en Chine que, sous la dynastie Hsia (environ 2205-1782 av. J.-C.), notre environnement céleste a connu un changement brutal. Dix soleils sont apparus dans le ciel. Les habitants de la Terre se sont mis à souffrir énormément de la chaleur et l'empereur a demandé alors à un célèbre archer d'abattre les soleils supplémentaires. En récompense, celui-ci a reçu une pilule qui avait le pouvoir de le rendre immortel, mais sa femme la lui a volée. En guise de punition, on l'a bannie sur la Lune.

Les Chinois avaient bien raison de penser qu'un système solaire à dix soleils serait inhospitalier aux hommes. On sait aujourd'hui que, bien qu'offrant une qualité de bronzage exceptionnelle, tout système solaire comportant plusieurs soleils ne permettrait sans doute pas le développement de la vie pour des raisons qui dépassent la seule chaleur brûlante imaginée par la légende chinoise. En réalité, une planète orbitant autour de plusieurs étoiles pourrait très bien jouir d'une température agréable, au moins pendant un certain temps. Toutefois, un apport de chaleur uniforme sur de longues périodes de temps comme le demande la vie serait bien improbable. Pour comprendre pourquoi, examinons le cas du plus simple des systèmes pluristellaires, un système à deux soleils appelé également système binaire. Près de la moitié des étoiles dans le ciel appartiennent à de tels systèmes. Même les systèmes binaires simples ne peuvent maintenir qu'un nombre limité d'orbites stables, analogues à celles présentés dans la figure ci-dessous. Or, pour chacune de ces orbites, il y a de fortes chances qu'à un moment ou à un autre la planète passe par une température bien trop élevée ou bien trop basse pour abriter la vie. La situation serait pire encore dans les amas comportant un grand nombre d'étoiles.

Orbites binaires Les planètes en orbite autour de systèmes stellaires binaires ont sans doute un climat très inhospitalier, trop chaud certaines saisons pour abriter la vie et trop froid certaines autres.

Notre système solaire est doté d'autres propriétés tout aussi « heureuses » sans lesquelles des formes de vie sophistiquées n'auraient pu évoluer. Par exemple, les lois de Newton autorisent les orbites planétaires à être des cercles ou bien des ellipses. (Les ellipses sont des cercles écrasés, plus longs suivant un axe et plus étroits suivant un autre.) On décrit le degré d'écrasement d'une ellipse par un paramètre appelé excentricité compris entre 0 et 1. Une excentricité proche de zéro signifie que l'ellipse ressemble à un cercle tandis qu'une excentricité proche de 1 correspond à une ellipse très aplatie. Kepler avait beau être irrité à l'idée que les planètes ne décrivent pas des cercles parfaits, il n'en demeure pas moins que l'excentricité de l'orbite terrestre est de seulement 2 % environ. En d'autres termes, la Terre suit une trajectoire pratiquement circulaire ce qui, tout bien considéré, est un hasard miraculeux.

La structure saisonnière du climat terrestre est essentiellement déterminée par l'inclinaison de l'axe de rotation de la Terre par rapport à son plan orbital autour du Soleil. Ainsi en hiver dans l'hémisphère Nord, cette inclinaison éloigne le pôle Nord du Soleil. La réduction de la distance Terre-Soleil durant la même époque – seulement 147 millions de kilomètres contre 153 millions de kilomètres au début de juillet – n'a en revanche qu'un effet minime sur la température comparé à celui de l'inclinaison. Pour des planètes dont l'excentricité orbitale est importante, la distance variable au Soleil joue un rôle bien plus grand. Ainsi, sur Mercure, dont l'excentricité est proche de 20 %, l'écart de température est d'environ 93 °C entre le point le plus chaud lorsque la planète se rapproche du Soleil (périhélie)

Excentricités L'excentricité est une mesure de la similitude entre une ellipse et un cercle. Les orbites circulaires sont favorables à la vie tandis que les orbites très allongées conduisent à d'importantes fluctuations saisonnières de température.

et le point le plus froid, lorsqu'elle en est le plus éloignée (aphélie). De fait, si l'excentricité de l'orbite terrestre était proche de 1, nos océans entreraient en ébullition au plus près du Soleil et gèleraient au point le plus éloigné, rendant les vacances d'hiver et d'été bien peu plaisantes. Des excentricités orbitales importantes ne sont pas favorables à la vie et nous sommes donc bien chanceux d'habiter une planète dont l'excentricité orbitale est proche de zéro.

Nous sommes également chanceux si l'on examine les valeurs comparées de la masse du Soleil et de la distance

Terre-Soleil. En effet, la masse d'une étoile détermine l'énergie qu'elle dégage autour d'elle. Les étoiles les plus massives sont environ cent fois plus massives que notre Soleil tandis que les plus petites le sont cent fois moins. Ainsi donc, même en conservant la distance Terre-Soleil actuelle, il suffirait que la masse de notre Soleil varie simplement de 20 % pour rendre la Terre soit aussi chaude que Vénus, soit aussi froide que Mars.

Traditionnellement, les scientifiques définissent la zone habitable d'une étoile donnée comme la région étroite autour de cette étoile dans laquelle les températures autorisent la présence d'eau liquide. Cette zone habitable porte parfois le nom de « zone Boucle d'or » car exiger de l'eau liquide pour le développement d'une vie intelligente requiert que les températures planétaires soient, comme le demandait Boucle d'or, « juste à la bonne taille ». La zone habitable dans notre système solaire, représentée dans l'illustration ci-après, est très réduite. Par bonheur pour ceux d'entre nous qui sont des formes de vie intelligente, la Terre est en plein dedans !

Newton ne pensait pas que notre système solaire étrangement habitable avait « émergé du chaos pas les simples lois de la nature ». Toujours selon lui, l'ordre dans l'Univers avait été « créé par Dieu au commencement et conservé par lui jusqu'à aujourd'hui dans le même état et les mêmes conditions ». Il est facile de comprendre les raisons d'une telle croyance. La suite de coïncidences improbables qui ont conspiré pour permettre notre existence tout comme l'hospitalité de notre monde pourrait sembler tout à fait étonnante si notre système solaire était le seul dans l'Univers.

La zone Boucle d'or Si Boucle d'or testait des planètes, elle ne retiendrait que celles situées dans la zone verte compatible avec la vie. L'étoile jaune représente notre Soleil. Les étoiles plus blanches sont plus grosses et plus chaudes, les étoiles plus rouges sont plus petites et plus froides. Des planètes plus proches de leur soleil que la zone verte seraient trop chaudes pour abriter la vie et celles plus éloignées trop froides. La taille de la zone hospitalière est réduite chez les étoiles plus froides.

Cependant, en 1992, on a rapporté la première observation confirmée d'une planète orbitant autour d'une étoile autre que notre Soleil. On connaît aujourd'hui plusieurs centaines de planètes similaires et on ne doute pas qu'il en existe des myriades parmi les milliards d'étoiles de notre Univers. Du coup, les coïncidences de nos conditions planétaires – le soleil unique, la combinaison heureuse de la distance Terre-Soleil et de la masse solaire – apparaissent bien moins remarquables, ce qui réduit considérablement leur impact comme preuves d'une Terre soigneusement conçue pour nous, les hommes. Il existe des planètes de toutes natures. Certaines – au moins une – accueillent la vie. Il est donc clair que, lorsque les habitants d'une planète qui abrite la vie examinent le monde qui les entoure, force leur est de constater que leur environnement remplit les conditions requises pour leur existence.

Il est possible de transformer cette dernière affirmation en un principe scientifique : notre existence même impose des règles qui déterminent d'où et à quelle époque il est possible pour nous d'observer l'Univers. Autrement dit, le simple fait d'exister restreint les caractéristiques du type d'environnement dans lequel nous vivons. Ce principe est appelé principe anthropique faible (nous verrons sous peu pourquoi l'adjectif « faible »). Il aurait été plus judicieux de l'appeler « principe de sélection » plutôt que « principe anthropique » car il décrit comment la connaissance de notre existence impose des règles qui sélectionnent, parmi tous les environnements possibles, ceux seulement dont les caractéristiques autorisent l'émergence de la vie.

Bien qu'on puisse n'y voir que philosophie, on peut en fait utiliser le principe anthropique faible pour énoncer des prédictions scientifiques. Par exemple, quel est l'âge de l'Univers ? Comme nous allons le voir sous peu, notre existence est conditionnée à la présence dans l'Univers d'éléments tels que le carbone qui sont produits à l'intérieur des étoiles par réaction d'éléments plus légers. Le carbone doit être ensuite dispersé à travers l'espace dans l'explosion d'une supernova pour finalement s'agréger dans une planète d'un système solaire de nouvelle génération. Ce processus nécessitant au minimum 10 milliards d'années, le physicien Robert Dicke en déduisit en 1961 que notre présence impliquait un Univers ayant au moins cet âge. Par ailleurs l'Univers ne doit pas être beaucoup plus vieux que 10 milliards d'années car, dans un futur plus lointain, les étoiles nécessaires à notre survie auront épuisé tout leur carburant. Par conséquent, l'Univers doit être âgé d'environ 10 milliards d'années. Bien que n'étant pas d'une extrême précision, cette prédiction n'en est pas moins vraie – d'après les données actuelles, le Big Bang s'est produit il y a de cela 13,7 milliards d'années environ.

Comme dans l'exemple précédent, les prédictions anthropiques fournissent en général des gammes de valeurs admissibles pour un paramètre physique donné plutôt qu'une estimation précise. En effet, même sans avoir d'exigence particulière quant aux valeurs de certains paramètres physiques, notre existence ne peut admettre que ces dernières s'écartent notablement des valeurs observées. Qui plus est, les paramètres mesurés dans le monde réel doivent être *a priori* clairement à l'intérieur des gammes autorisées par le principe anthropique. Ainsi, si la gamme des excentricités orbitales permettant la vie était comprise entre 0 et 0,5, ce qui représente un pourcentage significatif des planètes dans l'Univers, alors observer une valeur de 0,1 nous semblerait tout à fait normal. En revanche, si l'orbite terrestre était un cercle quasi parfait d'excentricité 0,00000000001, la Terre apparaîtrait comme une planète réellement très spéciale. Nous serions alors motivés pour élucider le mystère d'une telle spécificité. On donne parfois à ce second concept le nom de principe de médiocrité.

Toutes ces coïncidences heureuses comme la forme de l'orbite planétaire ou encore la masse du Soleil sont dites environnementales car elles sont dues à la bonne fortune de notre environnement et non à un hasard favorable dans les lois fondamentales de la nature. L'âge de l'Univers est également un facteur environnemental : s'il existe bien un avant et un après dans l'histoire de l'Univers, l'époque actuelle semble être la seule propre à accueillir la vie. Ces coïncidences environnementales sont faciles à comprendre car il est clair que notre habitat, un parmi tant d'autres dans l'Univers, se doit d'être favorable à l'éclosion de la vie.

Le principe anthropique faible ne soulève donc guère de controverses. En revanche, il en existe une forme plus forte que nous allons maintenant défendre malgré la réticence qu'elle suscite chez certains physiciens. Le principe anthropique fort suggère que notre existence n'impose pas seulement des contraintes sur notre environnement mais également sur *les formes et contenus possibles mêmes des lois de la nature*. Cette idée est issue de la constatation que ce ne sont pas seulement les caractéristiques spécifiques de notre système solaire qui en font un endroit propice à la vie mais aussi les caractéristiques de notre Univers entier, chose bien plus difficile à expliquer.

Il faudrait plusieurs chapitres rien que pour narrer comment un Univers primordial constitué d'hydrogène, d'hélium et d'un peu de lithium a évolué pour finalement déboucher sur notre Univers qui abrite au moins une forme de vie intelligente. Comme nous l'avons dit précédemment, les interactions fondamentales ont dû être telles que les éléments les plus lourds – en particulier le carbone – ont pu être produits à partir des éléments primordiaux et sont restés stables pendant au moins plusieurs milliards d'années. Ces éléments lourds ayant été forgés dans les hauts-fourneaux que nous appelons étoiles, il a fallu d'abord permettre la formation des galaxies et des étoiles. Celles-ci ont crû à partir des inhomogénéités minuscules présentes dans l'Univers primordial qui, bien que presque totalement uniforme, comportait par bonheur des variations relatives de densité de l'ordre de 1 pour 100 000. Néanmoins, ni l'existence des étoiles ni l'existence à l'intérieur de ces étoiles des éléments qui nous composent ne suffisent encore à notre bonheur. Il faut également que la dynamique des étoiles soit telle que ces dernières finissent par exploser et, qui plus est, précisément de façon à disperser les éléments les plus lourds à travers l'espace. Enfin, les lois de la nature doivent agir pour que ces restes s'agrègent à nouveau pour former une nouvelle génération d'étoiles cerclées de planètes incorporant ces éléments lourds nouvellement formés. Tout comme il a fallu une suite précise d'événements sur notre Terre primitive pour permettre notre développement, chacun des maillons de cette chaîne a été nécessaire à notre apparition. Cependant, l'enchaînement de ces événements qui ont débouché sur l'Univers que nous connaissons a été gouverné par un équilibre subtil entre les interactions fondamentales de la nature. Ces dernières ont donc dû s'imbriquer dans un ordre bien précis afin de permettre notre apparition.

Fred Hoyle a été l'un des premiers, dans les années 1950, à souligner à quel point nous avions bénéficié là d'une conjoncture remarquable. D'après lui, tous les éléments avaient été formés à l'origine à partir de l'hydrogène qu'il considérait comme la substance primordiale. L'hydrogène possède le noyau atomique le plus simple, constitué d'un unique proton qui peut être soit seul, soit combiné avec un ou deux neutrons (des variantes de l'hydrogène, ou de tout autre noyau, qui possèdent un nombre identique de protons mais un nombre de neutrons différent sont appelées des isotopes). On sait aujourd'hui que l'hélium et le lithium, atomes dont les noyaux contiennent respectivement deux et trois protons, ont été également synthétisés dès les premiers temps, mais en quantités bien moindres, alors que l'Univers n'existait environ que depuis 200 secondes. La vie, en revanche, dépend d'éléments plus complexes Le carbone est le plus important d'entre eux car il est la base de toute la chimie organique.

Bien qu'il soit possible d'imaginer des organismes « vivants » tels que des ordinateurs intelligents produits à partir d'autres éléments comme le silicium, il est douteux que la vie ait pu évoluer *spontanément* en l'absence de carbone. Les raisons en sont assez techniques, mais elles tiennent aux propriétés de liaison du carbone avec les autres éléments. Le dioxyde de carbone, par exemple, gazeux à température ambiante, est très utile en biologie. Le silicium étant situé directement sous le carbone dans la table périodique des éléments, il est doté de propriétés chimiques similaires. Malgré cela, le dioxyde de silicium, aussi appelé quartz, est beaucoup plus à sa place dans une collection minéralogique que dans les poumons d'un organisme vivant. S'il n'est pas impossible que des formes de vie aient pu évoluer à partir du silicium, en balançant rythmiquement leur queue de gauche à droite dans des bassins d'ammoniaque liquide, ce type de vie assez exotique n'aurait de toute façon pas pu surgir à partir des seuls éléments primordiaux : ceux-ci, en effet, ne peuvent former que deux composés stables, l'hydrure de lithium qui est un solide cristallin sans couleur, et le gaz hydrogène. Ces deux composés ont une chance assez minime de se reproduire ou de tomber amoureux un jour. Il n'en reste pas moins que *nous* sommes des formes de vie carbonées, ce qui soulève la question de savoir comment le carbone, dont le noyau comporte six protons, et les autres éléments lourds qui nous composent ont été créés.

La première étape se produit lorsque de vieilles étoiles commencent à accumuler de l'hélium issu de la collision et de la fusion de deux noyaux d'hydrogène, cette même fusion qui crée l'énergie que les étoiles nous dispensent. Deux atomes d'hélium peuvent alors se rencontrer pour former du béryllium, un atome dont le noyau comporte quatre protons. Une fois le béryllium formé, il peut en principe fusionner avec un troisième atome de lithium pour créer du carbone. Mais cela n'arrive pas car l'isotope du béryllium se désintègre presque instantanément pour redonner deux noyaux d'hélium.

La situation change lorsque l'étoile commence à manquer d'hydrogène. Dès lors, le cœur de l'étoile s'effondre jusqu'à atteindre une température proche de 100 millions de degrés. Dans ces conditions, les noyaux se rencontrent si souvent que certains atomes de béryllium peuvent se trouver à proximité d'un atome d'hélium avant même leur désintégration. Le béryllium peut alors fusionner avec l'hélium pour former un isotope stable du carbone. Mais ce carbone est encore loin de pouvoir s'organiser en agrégats ordonnés de composés chimiques capables de se délecter d'un bon verre de bordeaux, de jongler avec le feu ou de s'interroger sur l'Univers. Pour permettre l'apparition des hommes, le carbone doit sortir de l'étoile pour trouver un milieu plus favorable. Comme nous l'avons vu, cela se produit lorsque l'étoile, parvenue au terme de son cycle, explose en supernova, éjectant alors le carbone et d'autres éléments lourds qui formeront plus tard les planètes.

Ce processus de création du carbone porte le nom de réaction triple alpha car, d'une part, « particule alpha » est

La réaction triple alpha Le carbone est produit au cœur des étoiles à partir des collisions entre trois noyaux d'hélium, un événement très peu probable en l'absence d'une propriété très spéciale des lois de la physique nucléaire.

l'autre nom que porte le noyau d'hélium impliqué dans la réaction et, d'autre part, il nécessite la fusion (au total) de trois de ces noyaux. La physique classique prédit que le taux de production de carbone par cette réaction triple alpha est assez faible. Ayant remarqué ce fait, Hoyle a prédit en 1952 que la somme des énergies d'un noyau de béryllium et d'un noyau d'hélium devait être pratiquement égale à l'énergie d'un certain état quantique de l'isotope de carbone émergent. Cette quasi-égalité porte le nom de résonance et augmente considérablement le taux d'une réaction nucléaire. Un tel état d'énergie était inconnu à l'époque mais, en se fondant sur la suggestion de Hoyle, William Fowler du Caltech s'est mis à sa recherche et a fini par le découvrir, apportant ainsi un soutien de poids aux idées de Hoyle sur la nucléosynthèse des noyaux complexes.

Hoyle écrivit alors : « Pour moi, tout scientifique ayant examiné ces faits ne peut manquer d'en conclure que les lois de la physique nucléaire ont été délibérément conçues dans le but de produire les conséquences qu'elles ont au cœur des étoiles. » Les connaissances de l'époque en physique nucléaire étaient alors insuffisantes pour réaliser à quel point le hasard issu de ces lois physiques précises était miraculeux. Plus récemment, examinant la validité du principe anthropique fort, des physiciens se sont demandé quelle aurait été la destinée de l'Univers avec des lois physiques différentes. Par exemple, il est aujourd'hui possible de créer des modèles informatiques permettant de calculer comment varie le taux de la réaction triple alpha avec la force des interactions fondamentales. De tels calculs montrent qu'une modification même de 0,5 % de la force de l'interaction forte ou de 4 %

de l'interaction électrique détruirait presque intégralement le carbone ou l'oxygène des étoiles, et donc toute possibilité de vie comme nous la connaissons. Changez même de façon minime ces lois qui régissent notre Univers et les conditions de notre existence disparaissent !

En examinant les univers modèles engendrés par une altération des théories physiques, on peut étudier de manière systématique l'impact de ces modifications. On s'aperçoit alors que les intensités des interactions forte et électromagnétique ne sont pas les seules à être déterminantes pour notre existence. En réalité, la plupart des constantes fondamentales de nos théories apparaissent finement ajustées. En d'autres termes, si on les modifie même faiblement, l'Univers devient qualitativement différent et dans de nombreux cas incapable de développer la vie. Par exemple, si l'autre interaction nucléaire, l'interaction faible, était bien moins intense, tout l'hydrogène du cosmos se serait transformé en hélium dans l'Univers primordial, interdisant la formation ultérieure des étoiles normales ; si elle était au contraire bien plus intense, les supernovae n'auraient pu éjecter leur enveloppe externe lors de leur explosion et ainsi ensemencer l'espace interstellaire avec les éléments lourds indispensables à la formation des planètes qui abritent ensuite la vie. Si les protons étaient 0,2 % plus lourds, ils se désintégreraient en neutrons et déstabiliseraient les atomes. Si la somme des masses des types de quarks qui composent le proton était modifiée de seulement 10 %, les noyaux atomiques stables qui nous constituent seraient bien moins nombreux ; de fait, la somme des masses des quarks semble *grosso modo* optimisée pour que puisse exister un maximum de noyaux stables.

Si l'on suppose par ailleurs que quelques centaines de millions d'années d'une orbite stable sont nécessaires à l'éclosion d'une vie planétaire, le nombre de dimensions d'espace est également fixé par notre existence. En effet, d'après les lois de la gravitation, les orbites elliptiques stables ne sont possibles qu'en dimension trois. D'autres dimensions autorisent des orbites circulaires mais ces dernières sont, comme le craignait Newton, instables. Dans n'importe quelle dimension autre que trois, une perturbation même faible comme celle due aux forces exercées par les autres planètes finit par éjecter la planète de son orbite circulaire pour l'envoyer spiraler soit toujours plus près, soit toujours plus loin du Soleil, nous condamnant ainsi à l'enfer ou au gel. Dans la même veine, la force de gravitation entre deux corps décroîtrait plus rapidement dans un espace de dimension supérieure à trois. En dimension trois, la force gravitationnelle tombe à 1/4 de sa valeur lorsqu'on double la distance qui sépare ces corps. En dimension quatre, elle tomberait à 1/8 de sa valeur, en dimension cinq à 1/16 et ainsi de suite. Par conséquent, en dimension supérieure à trois, le Soleil ne pourrait exister dans un état stable où sa pression interne contrebalance la pression gravitationnelle. Au choix, il se disperserait de lui-même ou s'effondrerait pour former un trou noir, toutes solutions que vous goûteriez fort peu. À l'échelle atomique, les forces électriques se comporteraient à l'instar des forces gravitationnelles, les électrons se libérant des atomes ou au contraire tombant en spirale vers le noyau. Aucune des deux situations n'autoriserait d'atomes analogues à ceux que nous connaissons.

L'émergence de structures complexes permettant l'éclosion d'observateurs intelligents apparaît donc comme un processus très fragile. Les lois de la nature forment un système ajusté de façon extrêmement fine et il est très difficile d'altérer la moindre loi physique sans détruire du coup toute possibilité de développement de la vie dans ses formes connues. Sans une série de coïncidences étonnantes portant sur certains points précis des lois physiques, il semble que ni les êtres humains ni les formes de vie similaires n'eussent jamais pu émerger.

La plus impressionnante de ces coïncidences d'ajustement fin concerne un paramètre appelé constante cosmologique, qui intervient dans les équations d'Einstein de la relativité générale. Comme nous l'avons vu, lorsque Einstein formula sa théorie en 1915, il imaginait l'Univers stationnaire, autrement dit ne se dilatant pas ni se contractant. Comme toute matière attire la matière, il introduisit dans sa théorie une nouvelle force antigravitationnelle pour contrebalancer la propension de l'Univers à s'effondrer sur lui-même. Cette force, à l'inverse des autres forces, n'émanait pas d'une source particulière mais était inscrite dans la trame même de l'espace-temps. C'est l'intensité de cette force que décrit la constante cosmologique.

Quand on a découvert que l'Univers n'était pas stationnaire, Einstein a éliminé la constante cosmologique de sa théorie et a affirmé que son introduction avait constitué la plus grande bêtise de sa vie. Pourtant, en 1998, des observations de supernovae très éloignées ont révélé que l'Univers se dilate à un rythme accéléré, phénomène dont on ne peut rendre compte sans faire intervenir une sorte de force répulsive agissant dans l'espace. La constante cosmologique était ressuscitée. Nous savons aujourd'hui que sa valeur est non nulle et donc la question demeure : pourquoi cette valeur ? Les physiciens ont bien imaginé des explications pour la faire émerger d'effets quantiques, mais le résultat de leur calcul est environ 120 ordres de grandeur (un 1 suivi de 120 zéros) plus élevé que la valeur réelle obtenue à partir des observations sur les supernovae. Par conséquent, soit le raisonnement qui a servi au calcul était faux, soit il existe un autre effet qui annule miraculeusement tout sauf une fraction incroyablement petite de la valeur calculée. Seule chose certaine, si la constante cosmologique était bien plus importante, notre Univers aurait explosé avant que les galaxies ne puissent se former, rendant impossible – une fois encore – l'éclosion de la vie telle que nous la connaissons.

Que faire de toutes ces coïncidences ? La bonne fortune que l'on constate dans la forme et la nature précises des lois fondamentales de la physique est d'une nature différente de celle rencontrée dans les facteurs environnementaux. On ne peut l'expliquer aussi facilement, et ses implications physiques et philosophiques sont bien plus profondes. Notre Univers et ses lois semblent correspondre à un schéma qui, non content d'être taillé sur mesure pour notre existence, semble également en ce cas laisser très peu de place à des modifications. Voilà qui n'est pas facile à expliquer, ce qui nous amène naturellement à la question du pourquoi.

Nombreux aimeraient voir dans ces coïncidences la preuve d'une œuvre divine. Cette idée d'Univers conçu pour abriter l'humanité se retrouve dans des théologies et mythologies aussi bien vieilles de plusieurs millénaires que très récentes. Ainsi, dans les légendes mythologiques du Popol-Vuh maya[1], les dieux proclament : « Nous ne tirerons aucune gloire ni honneur de tout ce que nous avons créé jusqu'à ce qu'apparaisse l'homme et qu'il soit doué de raison. » Un texte égyptien typique daté de 2000 av. J.-C. énonce quant à lui : « Les hommes, le troupeau de Dieu, ont été bien pourvus. Il [le dieu Soleil] a créé le ciel et la Terre pour votre profit. » Enfin, dans une fable du philosophe taoïste chinois Lieh Yü-K'ou (vers 400 av. J.-C.) , un personnage s'exprime en ces termes : « Le ciel fait pousser les cinq sortes de grains et pourvoit les espèces à nageoires et à plumes tout spécialement pour notre bénéfice. »

Dans la culture occidentale, si l'Ancien Testament contient l'idée d'un schéma providentiel dans son histoire de la création, la vision chrétienne traditionnelle a également été fortement influencée par Aristote qui croyait en « un monde naturel intelligent fonctionnant selon quelque schéma préétabli ». Ces mêmes idées aristotéliciennes d'un ordre naturel ont été utilisées plus tard par le théologien chrétien du Moyen Âge Thomas d'Aquin pour arguer de l'existence de Dieu. Au XVIIIe siècle, un autre théologien chrétien est même allé jusqu'à prétendre que si les lapins ont une queue blanche, c'est pour qu'on puisse plus facilement les viser. Une illustration plus moderne de la vision chrétienne nous a été donnée il y a de cela quelques années dans les écrits du cardinal Christoph Schönborn, archevêque de Vienne : « Aujourd'hui, au début du XXIe siècle,

1. Texte équivalent à la Bible chez les Mayas (NdT).

confronté à des théories scientifiques telles que le néo-darwinisme ou encore l'hypothèse du multivers [des univers multiples] inventée en cosmologie pour contourner les preuves incontestables d'un but et d'un schéma en science moderne, l'Église catholique se doit de défendre la nature humaine en proclamant la réalité du schéma immanent. » En cosmologie, ces preuves incontestables d'un but et d'un schéma auxquels se réfère le cardinal sont précisément l'ajustement fin des lois physiques décrites plus haut.

L'histoire du rejet par la science d'une représentation anthropocentrique de l'Univers connut un tournant décisif avec le modèle copernicien du système solaire, modèle dans lequel la Terre n'occupait plus la position centrale. Non sans une certaine ironie, Copernic avait une vision personnelle anthropomorphique du monde, n'hésitant pas à rassurer le lecteur en rappelant que même dans son modèle héliocentrique, la Terre se trouvait *presque* au centre de l'Univers : « Bien que [la Terre] ne soit pas au centre du monde, la distance [à ce centre] n'en est pas moins négligeable quand on la compare à celle des étoiles lointaines. » Grâce à l'invention du télescope, des observations au XVIIe siècle ont pu démontrer que notre planète n'était pas la seule à posséder une lune, confortant ainsi le principe selon lequel nous n'occupons pas de position privilégiée dans l'Univers. Et, dans les siècles qui ont suivi, plus l'on a découvert de choses sur l'Univers, plus il est apparu que notre planète n'était qu'une parmi tant d'autres. Pour autant, la découverte relativement récente de l'ajustement extrêmement fin de tant de lois de la nature pourrait conduire certains d'entre nous à reconsidérer cette vieille idée d'un grand dessein, œuvre de quelque grand architecte. Au États-Unis où la Constitution interdit d'enseigner les religions à l'école, ce type de concept porte le nom de « dessein intelligent[1] », étant sous-entendu bien évidemment que Dieu en est l'architecte.

Là n'est pas la réponse de la science moderne. Nous avons vu au chapitre 5 que notre Univers semble n'être qu'un parmi tant d'autres, tous dotés de lois différentes. Ce multivers n'est pas une invention *ad hoc* destinée à expliquer le miracle de l'ajustement fin, mais une conséquence de la condition sans bord et de bien d'autres théories en cosmologie moderne. Mais si ce multivers est réel, alors le principe anthropique fort équivaut effectivement à sa version faible ce qui revient à placer l'ajustement fin des lois physiques sur le même plan que les facteurs environnementaux. De fait, c'est maintenant notre habitat cosmique – l'Univers observable tout entier – qui n'est qu'un parmi tant d'autres tout comme l'était notre système solaire auparavant. Les coïncidences environnementales de notre système solaire ont perdu leur caractère remarquable lorsqu'on a constaté qu'il existait des milliards de systèmes analogues. De la même manière, l'ajustement fin des lois de la nature peut aujourd'hui s'expliquer par l'existence de multiples univers. Nombreux sont ceux qui, à travers les âges, ont attribué à Dieu la beauté et la complexité d'une nature qui semblait alors échapper à toute explication scientifique. Mais, à l'instar de Darwin et Wallace expliquant l'émergence apparemment miraculeuse d'une structuration du

1. En anglais, *Intelligent Design* (NdT).

vivant sans intervention d'un être supérieur, le concept de multivers peut expliquer l'ajustement fin des lois physiques sans recourir à un créateur bienfaisant ayant conçu l'Univers pour notre seul profit.

Einstein interrogea un jour en ces termes son assistant Ernst Straus : « Dieu a-t-il eu le choix quand il a créé l'Univers ? » À la fin du XVIe siècle, Kepler était convaincu que Dieu avait créé l'Univers selon un principe mathématique parfait. Plus tard, Newton a démontré que les mêmes lois qui s'appliquent dans les cieux s'appliquent également sur Terre, et a développé des équations mathématiques si élégantes pour les exprimer que certains savants du XVIIIe siècle, animés d'une ferveur presque religieuse, ont cru même y déceler la preuve d'un Dieu mathématicien.

Depuis Newton, et tout particulièrement depuis Einstein, l'objectif de la physique a consisté à dégager des principes mathématiques simples analogues à ceux rêvés par Kepler, afin d'élaborer une théorie unifiée du Tout capable de rendre compte de chaque détail de la matière et des interactions que nous observons dans la nature. Au tournant du XXe siècle, Maxwell et Einstein ont unifié les théories de l'électricité, du magnétisme et de la lumière. Les années 1970 ont vu la création du modèle standard, cette théorie unique des interactions forte, faible et électromagnétique. La théorie des cordes et la M-théorie sont ensuite apparues afin d'y incorporer l'interaction restante, la gravitation, l'objectif étant d'élaborer une théorie unique qui expliquerait non seulement l'ensemble des forces mais également les constantes fondamentales que nous avons déjà évoquées comme l'intensité des interactions et les masses et charges des particules élémentaires. Reprenant les mots d'Einstein, on espérait pouvoir affirmer que « la nature est ainsi faite qu'il est possible d'établir par la logique des lois si précises qu'elles en déterminent, par le raisonnement, les valeurs de leurs constantes (à l'inverse de constantes dont on pourrait modifier la valeur sans détruire la théorie) ». Or une théorie unique ne manifesterait sans doute pas l'ajustement fin qui permet notre existence. Cependant, à la lumière d'avancées récentes, il est possible d'interpréter le rêve d'Einstein comme celui d'une théorie unique qui expliquerait à la fois cet Univers et les autres, et leur cortège de lois différentes. La M-théorie pourrait alors être cette théorie. Mais est-on sûr que la M-théorie est unique ou bien la conséquence d'un principe logique simple ? Autrement dit, peut-on répondre à la question : *pourquoi la M-théorie ?*

8

LE GRAND DESSEIN

Tout au long de ce livre, nous avons décrit comment, observant la régularité des mouvements des corps célestes tels que le Soleil, la Lune et les planètes, on en est venu à penser qu'ils étaient régis par des lois immuables plutôt que sujets aux humeurs et caprices arbitraires des dieux et des démons. Au début, l'existence de telles lois n'a émergé qu'en astronomie (ou en astrologie, ce qui revenait à peu près au même à l'époque). Le comportement des objets terrestres était si compliqué et sujet à tant d'influences que les civilisations primitives étaient incapables d'y discerner aucun schéma ou loi gouvernant ces phénomènes de façon claire. Graduellement cependant, on a découvert de nouvelles lois dans des domaines autres que l'astronomie, induisant ainsi la notion de déterminisme scientifique : il doit exister un ensemble complet de lois qui, étant donné l'état de l'Univers à un instant spécifique, permettrait d'en déterminer l'évolution ultérieure. Ces lois, par définition, doivent être valables en tout point et de tout temps sans exception ni miracle. Il n'y a pas de place pour les dieux et les démons dans le cours de l'Univers.

À l'époque où a été proposé pour la première fois ce déterminisme scientifique, les lois de la dynamique de Newton et la gravitation étaient les seules connues. Nous avons vu comment ces lois furent étendues par Einstein dans sa théorie de la relativité générale, puis comment des lois additionnelles furent découvertes pour couvrir les autres aspects du fonctionnement de l'Univers.

Les lois de la nature nous disent *comment* l'Univers se comporte, mais elles ne répondent pas aux *pourquoi* listés au début de cet ouvrage :

Pourquoi y a-t-il quelque chose plutôt que rien ?
Pourquoi existons-nous ?
Pourquoi cet ensemble particulier de lois et pas un autre ?

Certains répondront à ces questions en disant qu'un dieu a choisi de créer l'Univers ainsi. Il est certes raisonnable de se demander qui ou quoi a créé l'Univers, mais si la réponse est Dieu, alors on ne fait que repousser le problème à celui de la création de celui-ci. Dans cette conception du monde, il faut donc admettre l'existence d'une certaine entité qui ne nécessite aucun créateur, entité que l'on appelle Dieu. Cet argument d'une cause première comme preuve de l'existence de Dieu porte le nom d'argument cosmologique. Nous affirmons ici, à l'inverse, qu'il est possible de répondre à ces questions tout en restant dans le domaine de la science et sans recourir à aucun être divin.

Dans le réalisme modèle-dépendant introduit au chapitre 3, nos cerveaux interprètent les signaux provenant de nos organes sensoriels en construisant un modèle du monde extérieur. Nous formons des représentations mentales de nos maisons, des arbres, des autres, de l'électricité qui sort de la prise, des atomes, des molécules et des autres univers. Ces représentations mentales sont la seule réalité connue de nous. Or il n'existe aucun test de la réalité qui soit indépendant du modèle. Par conséquent, un modèle bien construit crée sa réalité propre. Le Jeu de la vie, inventé en 1970 par un jeune mathématicien de Cambridge du nom de John Conway, est un exemple d'un tel modèle qui peut nous aider à penser les questions que posent la réalité et la création.

Le terme « jeu » dans Jeu de la vie est trompeur : il n'y a ni gagnant ni perdant ; en réalité, il n'y a même pas de joueur. Le Jeu de la vie n'est pas vraiment un jeu, mais un ensemble de lois qui gouvernent un univers bidimensionnel. C'est un univers déterministe : une fois choisie la configuration initiale, encore appelée condition initiale, les lois déterminent son évolution future.

Le monde imaginé par Conway est une grille carrée, analogue à un échiquier, mais s'étendant à l'infini dans toutes les directions. Chaque case (appelée aussi cellule) peut adopter l'un des deux états suivants : vivante (représenté en vert, page 210) ou morte (en noir). Chaque case a huit voisines : celles du haut et du bas, de gauche et de droite, plus les quatre en diagonale. Le temps dans ce monde n'est pas continu, mais procède par sauts discrets. Pour une configuration donnée de cases mortes et vivantes, c'est le nombre de cases voisines vivantes qui détermine l'évolution du jeu *via* les règles suivantes :

1. Une case vivante qui a deux ou trois voisines vivantes survit (survie).

2. Une case morte ayant exactement trois voisines vivantes devient une case vivante à son tour (naissance d'une cellule).
3. Dans tous les autres cas, la case meurt ou reste morte. Dans le cas où une case vivante possède zéro ou un voisin, on dit qu'elle meurt de solitude ; si elle a plus de trois voisines, on dit qu'elle meurt de surpopulation.

Et c'est tout. À partir d'une condition initiale donnée, ces lois créent des générations les unes après les autres. Une case vivante isolée ou deux cases voisines vivantes meurent à la génération suivante faute d'un nombre suffisant de voisines. Trois cases vivantes le long d'une diagonale survivent un peu plus longtemps. Au premier coup, les cases extrêmes meurent, ne laissant que celle du milieu qui meurt à son tour au coup suivant. Toute ligne diagonale « s'évapore » exactement de la même façon. Mais si trois cases vivantes sont alignées horizontalement, alors celle du centre possède deux voisines : elle survit donc tandis que ses deux extrémités meurent mais,

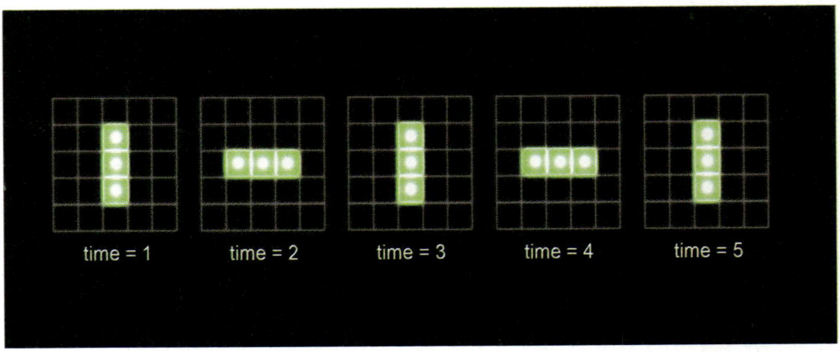

Oscillateurs Les oscillateurs sont un type simple d'objet composé du Jeu de la vie.

dans le même temps, les cases situées au-dessus et au-dessous de la case centrale sont le siège d'une naissance. La ligne se transforme alors en colonne. Par le même processus, au coup suivant, la colonne redevient ligne et ainsi de suite. De telles configurations clignotantes sont appelées oscillateurs.

Si trois cases vivantes sont placées en forme de L, un nouveau comportement apparaît. Au coup suivant, la case entourée par le L donne naissance à une cellule vivante, créant ainsi un bloc 2×2. Ce bloc appartient à un type de structure appelé vie stable car il traverse les générations sans modification. De nombreux types de structures se transforment au cours des premières générations pour soit déboucher sur une forme de vie stable, soit mourir, soit revenir à leur forme originale et répéter ainsi le processus.

Il existe également des structures appelées vaisseaux qui changent de forme pour finalement retrouver, après quelques générations, leur forme originale mais dans une position décalée d'une case le long de la diagonale. Si vous les observez au cours de leur évolution, elles semblent ramper

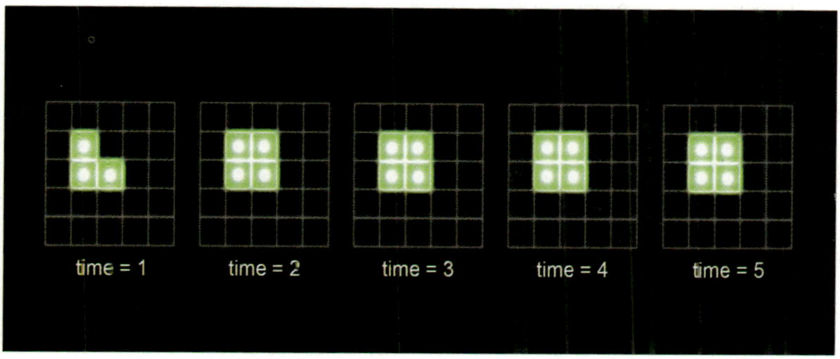

Évolution vers une vie stable Certains objets composés du Jeu de la vie évoluent vers une forme de vie invariante d'après les règles.

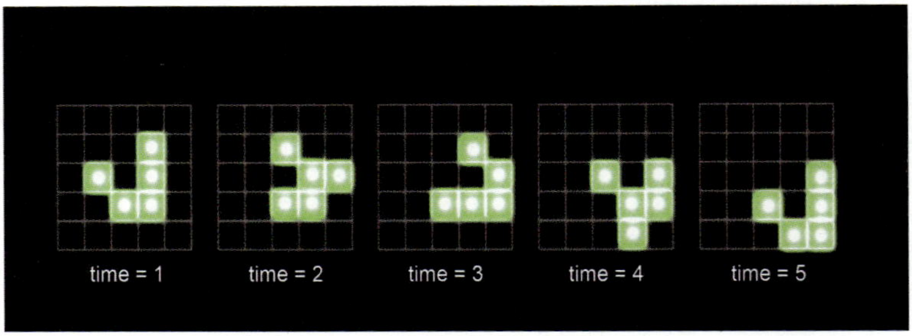

Vaisseaux Les vaisseaux se transforment à travers ces étapes intermédiaires puis retrouvent leur forme originelle, simplement translatés d'une case le long de la diagonale.

sur la grille. Quand ces vaisseaux se rencontrent, on peut observer de curieux comportements selon les formes respectives de chacun des vaisseaux au moment de la collision.

Ce qui rend cet univers intéressant, c'est que sa « chimie » peut être compliquée même si sa « physique » fondamentale est simple. Autrement dit, des objets composés existent à des échelles différentes. À l'échelle la plus élémentaire, la physique fondamentale nous dit qu'il n'existe que des cases vivantes ou mortes. À une échelle plus large, on rencontre des vaisseaux, des oscillateurs et des formes de vie stables. À une échelle plus large encore, on peut trouver des objets encore plus complexes tels que des canons à vaisseaux : ce sont des structures stables qui donnent périodiquement naissance à de nouveaux vaisseaux, ces derniers quittant le nid pour se propager le long d'une diagonale.

Si vous observez un certain temps l'univers du Jeu de la vie à une échelle donnée, vous pouvez en déduire des lois qui gouvernent les objets à cette échelle. Par exemple, à l'échelle des objets de quelques cases, vous pouvez énoncer des lois telles que « les blocs ne bougent jamais », « les vaisseaux se déplacent suivant les diagonales » et d'autres lois encore qui décrivent l'interaction entre deux objets qui se rencontrent. Ces lois font intervenir des entités et des concepts qui n'ont aucune existence dans les lois originelles. Ainsi, le concept de « collision » ou de « déplacement » ne figure nulle part dans ces dernières car elles ne font que décrire la vie et la mort de cases individuelles immobiles. Dans le Jeu de la vie tout comme dans notre Univers, votre réalité dépend du modèle que vous utilisez.

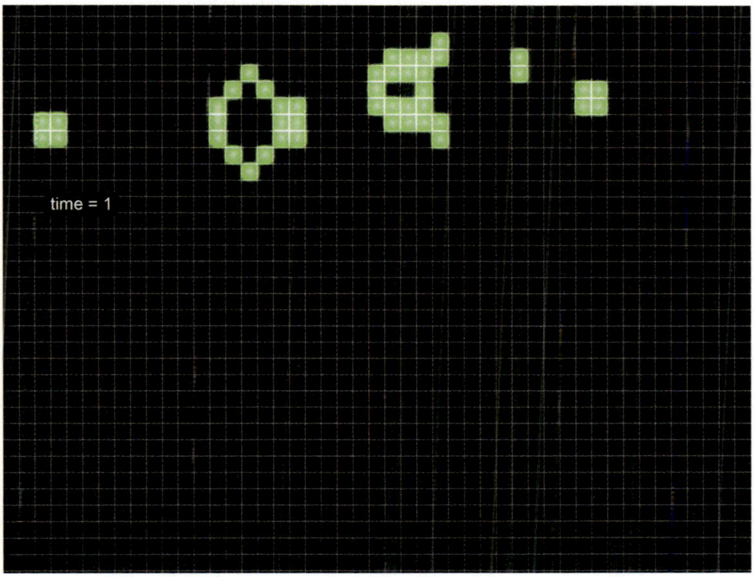

Configuration initiale du canon à vaisseaux Le canon à vaisseaux est environ dix fois plus gros qu'un vaisseau.

Conway et ses étudiants ont créé ce monde afin de vérifier si un univers muni de quelques lois fondamentales aussi simples que celles énoncées plus haut pouvait contenir des objets assez complexes pour se reproduire. Autrement dit, existe-t-il dans le monde du Jeu de la vie des objets composés capables, en obéissant aux lois de ce monde pendant plusieurs générations, d'engendrer d'autres objets identiques à eux-mêmes ? Or non seulement leurs travaux ont démontré que c'était possible, mais ils ont prouvé également qu'un tel objet serait, en un sens, intelligent ! Qu'entend-on par là ? Pour être précis, ils ont montré que ces énormes agglomérats de cases qui se répliquent à l'identique forment en fait des « machines de Turing universelles ». Dans le cas qui nous concerne, cela signifie que, pour tout calcul en principe réalisable par un ordinateur de notre monde physique, on pourrait, à condition d'alimenter la machine avec les données initiales idoines – autrement dit, en fournissant l'environnement approprié au Jeu de la vie –, lire dans l'état de la machine après quelques générations le résultat du calcul.

Pour se forger une idée de son fonctionnement, examinons ce qui se produit lorsqu'on envoie deux vaisseaux vers un bloc 2×2 simple de cases vivantes. Suivant l'angle d'approche des vaisseaux, le bloc initialement stable va soit s'en rapprocher, soit s'en éloigner, simulant ainsi une mémoire informatique. De fait, les vaisseaux permettent de réaliser toutes les fonctions élémentaires d'un ordinateur moderne comme les portes logiques ET ou OU. De cette façon, à l'instar des signaux électriques utilisés dans un ordinateur physique, on peut utiliser des faisceaux de vaisseaux pour porter et traiter de l'information.

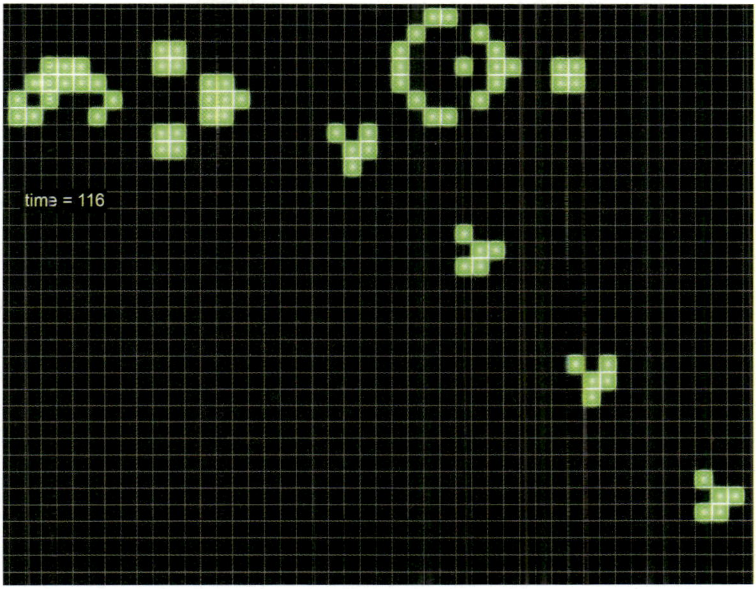

Le canon à vaisseaux après 116 générations Au cours du temps, le canon à vaisseaux change de forme, émet un vaisseau, puis retourne à ses formes et positions originelles. Ce processus se répète à l'infini.

Tout comme dans notre monde, les structures autoreproductrices du Jeu de la vie sont des objets complexes. Une estimation fondée sur les travaux initiaux du mathématicien John von Neumann donne une taille minimale de dix milliards de cases pour une structure autoreproductrice dans le Jeu de la vie – soit environ le nombre de molécules que compte une cellule humaine.

On peut définir les êtres vivants comme des systèmes complexes de taille finie, stables et capables de se reproduire. Les objets décrits plus haut remplissent la condition de reproduction, mais ne sont sans doute pas stables : une légère perturbation du monde extérieur en briserait certainement le mécanisme délicat. En revanche, il est facile d'imaginer que des lois légèrement plus compliquées autoriseraient l'apparition de systèmes complexes possédant tous les attributs du vivant. Imaginez une entité de ce type, un objet dans un monde à la Conway. Un tel objet répondrait à des stimuli environnementaux et donnerait ainsi l'apparence de prendre des décisions. Serait-il à même de se rendre compte qu'il existe ? Aurait-il une conscience de lui-même ? Sur ce point, les opinions sont extrêmement partagées. Certains prétendent que la conscience de soi-même est une caractéristique propre aux hommes. Elle leur donne le libre arbitre, cette capacité à choisir entre différentes alternatives.

Comment dire d'un être qu'il est doté de libre arbitre ? Si l'on rencontre un extraterrestre, comment décider qu'il s'agit seulement d'un robot ou bien qu'il possède un esprit propre ? *A priori*, à la différence d'un être doué de libre arbitre, le comportement d'un robot serait complètement déterminé. Le robot serait donc celui dont on peut prédire les actions. Toutefois, comme nous l'avons vu au chapitre 2, cette tâche peut s'avérer d'une difficulté insurmontable dès lors que l'être en question est grand et complexe. Nous sommes déjà dans l'incapacité de résoudre exactement les équations pour plus de trois particules en interaction mutuelle. Sachant qu'un extraterrestre de la taille d'un homme contiendrait environ un milliard de milliards de milliards de particules, il nous serait totalement impossible même dans le cas d'un robot de résoudre les équations correspondantes et d'en prédire son comportement. La seule solution consisterait alors à admettre que tout être complexe est doué de libre arbitre – ce terme ne désignant pas tant une propriété fondamentale mais plutôt une théorie effective, une reconnaissance de notre incapacité à effectuer les calculs qui nous permettraient de prédire ses actions.

L'exemple du Jeu de la vie de Conway montre que même un ensemble de lois très simples peut faire émerger des propriétés complexes semblables à celle d'une vie intelligente. Qui plus est, les ensembles possédant cette caractéristique doivent être très nombreux. Comment choisir les lois fondamentales (à l'inverse des lois apparentes) qui régissent notre Univers ? Comme dans le monde de Conway, les lois de notre Univers déterminent, en partant de son état à un instant quelconque donné, l'évolution ultérieure du système. Toutefois, dans le monde de Conway, c'est nous qui assumons le rôle de créateurs – nous choisissons l'état initial de l'Univers en spécifiant les objets et leurs positions au début du jeu.

Dans un univers physique, les analogues des objets comme les vaisseaux du Jeu de la vie sont les corps matériels isolés. De plus, à tout ensemble de lois décrivant un monde continu semblable au nôtre correspond un concept d'énergie, celle-ci étant une quantité conservée, c'est-à-dire invariante au cours du temps. L'énergie de l'espace vide est donc constante, indépendante du temps et de la position. Vu qu'il est possible d'ignorer cette énergie constante du vide en mesurant l'énergie de n'importe quel volume d'espace relativement à celle du même volume mais vide, on peut tout aussi bien définir cette constante comme étant le zéro des énergies. Par ailleurs, quelles que soient les lois physiques, l'énergie d'un corps isolé entouré d'espace vide doit être positive : en d'autres termes, on doit fournir de l'énergie pour créer ce corps. En effet, si l'énergie d'un corps isolé était négative, on pourrait créer ce dernier dans un état cinétique de façon à ce que son énergie négative soit exactement compensée par l'énergie positive due à sa vitesse. Si tel était le cas, rien n'empêcherait des corps d'apparaître n'importe où et n'importe quand, rendant l'espace vide par conséquent instable. En revanche, si créer un corps isolé coûte de l'énergie, une telle instabilité ne peut se produire car, comme nous l'avons vu, l'énergie de l'Univers doit demeurer constante. Cette condition doit donc être remplie pour s'assurer un univers localement stable – et ainsi éviter que les choses ne surgissent partout à partir de rien.

Si l'énergie totale de l'Univers doit toujours être nulle et que la création d'un corps coûte de l'énergie, comment un univers entier peut-il être créé à partir de rien ? C'est précisément la raison pour laquelle une loi comme la gravitation doit exister. La gravitation étant une force attractive, l'énergie gravitationnelle est négative : il faut fournir de l'énergie pour séparer un système lié par la gravité, par exemple le système Terre-Lune. Cette énergie négative peut donc contrebalancer l'énergie positive nécessaire à la création de matière, même si les choses ne sont pas aussi simples. En effet, à titre d'exemple, l'énergie gravitationnelle négative de la Terre est inférieure à un milliardième de l'énergie positive des particules matérielles qui la composent. Un corps céleste comme une étoile a quant à lui une énergie gravitationnelle plus importante. Plus l'étoile est ramassée (autrement dit plus les différentes parties qui la composent sont proches les unes des autres), plus son énergie gravitationnelle est négative. Mais avant que cette dernière puisse dépasser l'énergie positive de la matière, l'étoile doit s'effondrer pour donner un trou noir dont l'énergie est encore positive. Voilà donc la raison pour laquelle l'espace vide est stable : des corps comme les étoiles et les trous noirs ne peuvent surgir de nulle part. En revanche, un univers entier le peut.

La gravitation déformant l'espace et le temps, elle autorise l'espace-temps à être localement stable mais globalement instable. À l'échelle de l'Univers entier, l'énergie positive de la matière *peut* être compensée par l'énergie négative gravitationnelle, ce qui ôte toute restriction à la création d'univers entiers. Parce qu'une loi comme la gravitation existe, l'Univers peut se créer et se créera spontanément à partir de rien, comme cela a été décrit au chapitre 6. La création spontanée est la raison pour laquelle il existe quelque chose plutôt que rien, pourquoi l'Univers existe, pourquoi nous existons. Il n'est nul besoin d'invoquer Dieu pour qu'il allume la mèche et fasse naître l'Univers.

Pourquoi les lois fondamentales sont-elles telles que nous les avons décrites ? La théorie ultime se doit d'être cohérente et de prédire des résultats finis pour les quantités que l'on peut mesurer. Nous venons de voir qu'une loi comme la gravitation est nécessaire. Par ailleurs, nous avons vu au chapitre 5 que, pour pouvoir prédire des quantités finies, la théorie doit posséder ce que l'on appelle une supersymétrie entre les interactions fondamentales et la matière sur laquelle ces dernières agissent. Or la M-théorie est la plus générale des théories supersymétriques de la gravitation. Pour ces raisons, la M-théorie est l'*unique* candidate au poste de théorie complète de l'Univers. Si elle est finie – ce qui reste à prouver –, elle fournira un modèle d'univers qui se crée lui-même. Et nous faisons forcément partie de cet univers car il n'existe aucun autre modèle cohérent.

La M-théorie est la théorie unifiée à laquelle Einstein a aspiré toute sa vie. Le fait que nous, être humains – simples assemblages de particules fondamentales de la nature –, ayons pu aboutir à une telle compréhension des lois qui gouvernent notre Univers constitue en soi un triomphe fantastique. Mais le vrai miracle réside peut-être dans ce que des considérations abstraites de logique aient pu déboucher sur une théorie unique qui prédit et décrit un aussi vaste Univers, riche de l'étonnante variété que nous observons. Si cette théorie est confirmée par l'observation, elle conclura avec succès une quête commencée il y a plus de trois mille ans. Nous aurons alors découvert le grand dessein.

GLOSSAIRE

Amplitude de probabilité : en théorie quantique, nombre complexe dont le carré du module correspond à une probabilité.

Antimatière : à chaque particule de matière correspond une antiparticule. Quand les deux se rencontrent, elles s'annihilent mutuellement pour ne laisser que de l'énergie pure.

Approche ascendante : en cosmologie, approche reposant sur l'hypothèse d'une histoire unique de l'Univers, dans laquelle l'état actuel de l'Univers est le résultat d'une évolution à partir d'un point de départ bien défini.

Approche descendante : en cosmologie, approche dans laquelle on parcourt les histoires de l'Univers « du haut vers le bas », autrement dit à rebours depuis le présent.

Atome : unité fondamentale de la matière ordinaire, consistant en un noyau constitué de protons et de neutrons entourés d'électrons orbitaux.

Baryon : type de particule élémentaire comme le proton ou le neutron constituée de trois quarks.

Big Bang : commencement dense et chaud de l'Univers. La théorie du Big Bang postule qu'il y a environ 13,7 milliards d'années, l'Univers que nous voyons aujourd'hui avait une taille de quelques millimètres seulement. L'Univers actuel est incomparablement plus vaste et plus froid mais nous pouvons observer les vestiges de cette période primitive dans le rayonnement micro-ondes, ou fond diffus cosmologique, qui baigne tout l'espace.

Boson : particule élémentaire qui transporte une interaction.

Condition sans bord : condition selon laquelle les histoires de l'Univers sont des surfaces fermées sans bord.

Constante cosmologique : paramètre des équations d'Einstein qui provoque une propension à la dilatation de l'espace-temps.

Électron : particule élémentaire de matière chargée négativement responsable des propriétés chimiques des éléments.

Espace-temps : espace mathématique dont les points doivent être déterminés à la fois par des coordonnées d'espace et de temps.

Fermion : particule élémentaire de matière.

Galaxie : vaste système composé d'étoiles, de matière interstellaire et de matière noire dont la cohésion est assurée par la gravitation.

Gravitation : la plus faible des quatre interactions que compte la nature. Elle permet l'attraction mutuelle de corps massifs.

Histoires alternatives : formulation de la théorie quantique dans laquelle la probabilité de toute observation se construit à partir des histoires possibles qui ont pu conduire à cette observation.

Interaction électromagnétique : deuxième plus forte interaction parmi les quatre que compte la nature. Elle agit entre des particules dotées d'une charge électrique.

Interaction nucléaire faible : l'une des quatre interactions que compte la nature. L'interaction faible est responsable de la radioactivité et joue un rôle décisif dans la formation des éléments au cœur des étoiles et au sein de l'Univers primordial.

Interaction nucléaire forte : plus forte des quatre interactions que compte la nature. Cette interaction maintient les protons et les neutrons au sein du noyau atomique. Elle assure également la cohésion interne des protons et neutrons car ces derniers sont constitués de particules encore plus petites, les quarks.

Liberté asymptotique : propriété de l'interaction forte qui diminue son intensité aux courtes distances. En conséquence, bien qu'ils soient liés à l'intérieur du noyau par l'interaction forte, les quarks peuvent se déplacer au sein de ce même noyau comme s'ils n'étaient soumis à aucune force.

Lois apparentes : lois de la nature que nous observons dans notre Univers – les lois des quatre interactions ainsi que les paramètres comme masse et charge qui caractérisent les particules élémentaires – à la différence des lois plus fondamentales de la M-théorie qui autorise des univers différents et des lois différentes.

Méson : type de particule élémentaire constituée d'un quark et d'un antiquark.

M-théorie : théorie fondamentale de la physique, candidate à la théorie du Tout.

Multivers : ensemble d'univers.

Neutrino : particule élémentaire extrêmement légère uniquement soumise à l'interaction forte et à la gravité.

Neutron : type de baryon électriquement neutre qui forme avec le proton les noyaux des atomes.

Phase : position dans le cycle d'une onde.

Photon : boson qui transporte l'interaction électromagnétique. Cette particule est le quantum de lumière.

Physique classique : toute théorie physique dans laquelle l'Univers est supposé avoir une seule histoire bien définie.

Principe anthropique : concept selon lequel on peut tirer des conclusions sur les lois apparentes de la physique en se fondant sur la seule constatation de notre existence.

Principe d'incertitude de Heisenberg : loi de la théorie quantique selon laquelle on ne peut connaître avec une précision arbitraire certaines paires de propriétés physiques.

Proton : type de baryon chargé positivement qui forme avec le neutron les noyaux des atomes.

Quark : particule élémentaire dotée d'une charge électrique fractionnelle soumise à l'interaction forte. Les proton et neutron sont tous deux composés de trois quarks.

Renormalisation : technique mathématique conçue pour donner un sens aux quantités infinies qui surgissent dans les théories quantiques.

Singularité : point de l'espace-temps où une quantité physique devient infinie.

Supergravité : théorie de la gravité possédant un type de symétrie baptisée supersymétrie.

Supersymétrie : forme subtile de symétrie que l'on ne peut associer à une transformation de l'espace usuel. L'une des plus importantes conséquences de la supersymétrie est que les particules d'interaction et de matière, et donc interaction et matière elles-mêmes, ne sont que deux facettes d'une même entité.

Trou noir : région de l'espace-temps qui, en raison de l'énorme force gravitationnelle qui y règne, est coupée du reste de l'Univers.

Théorie des cordes : théorie physique dans laquelle les particules sont décrites comme des structures de vibration possédant une longueur mais ni hauteur ni épaisseur – comme des morceaux d'une corde infiniment fine.

Théorie quantique : théorie dans laquelle les objets ne suivent pas des histoires définies de manière unique.

INDEX

REMERCIEMENTS

Tout comme l'Univers, un livre a un dessein. Toutefois, à l'inverse du premier, aucun ne surgit spontanément à partir de rien. Il nécessite un créateur, rôle qui n'incombe pas seulement à ses auteurs. Par conséquent et en premier lieu, notre reconnaissance et nos remerciements vont à nos éditeurs Beth Rashbaum et Ann Harris pour leur infinie patience. Elles ont été nos étudiants lorsque nous avons eu besoin d'étudiants, nos professeurs quand nous avons eu besoin de professeurs et nos aiguillons quand il a fallu nous aiguillonner. Elles n'ont pas lâché le manuscrit d'un pouce, toujours dans la bonne humeur, que la discussion portât sur la position d'une virgule ou l'impossibilité de plonger une surface axisymétrique à courbure négative dans un espace plat. Nous aimerions également remercier Mark Hillery qui a bien voulu lire une grande partie du manuscrit, nous prodiguant des conseils précieux, Carole Lowenstein qui nous a grandement aidés avec l'organisation interne, David Stevenson qui nous a guidés dans l'élaboration de la couverture et enfin Loren Noveck dont l'attention portée aux moindres détails nous a évité des coquilles que nous aurions sans cela laissé passer. Peter Bollinger, notre entière gratitude t'est acquise pour l'art que tu as introduit dans la science au travers de tes illustrations et pour ton zèle à vérifier l'exactitude de chaque détail. Sidney Harris, merci pour tes magnifiques dessins et ta grande sensibilité envers les problèmes que peuvent rencontrer les scientifiques. Dans un autre univers, tu aurais pu être physicien. Nous sommes également reconnaissants envers nos agents, Al Zuckerman et Susan Ginsbug, pour leur soutien et leurs encouragements. S'il y a bien deux messages qu'ils nous ont constamment transmis, ce sont : « Il est plus que temps d'achever le livre » et : « Ne vous préoccupez pas de la date d'achèvement, vous y arriverez un jour. » Ils ont montré assez de sagesse pour déterminer quand nous délivrer l'un ou l'autre message. Finalement, nous tenons à remercier l'assistante personnelle de Stephen, Judith Croasdell, son assistant informatique Sam Blackburn ainsi que Joan Godwin. Ils nous ont prodigué un soutien non seulement moral mais également pratique et technique sans lequel nous n'aurions pas pu rédiger cet ouvrage. Qui plus est, ils ont toujours su où dénicher les meilleurs pubs.

TABLE

DU MÊME AUTEUR

CHEZ ODILE JACOB

L'Univers dans une coquille de noix, nouvelle édition 2009.

Trous noirs de Bébés univers, 1994.

Qui êtes-vous, Mister Hawking ?, 1994.

Cet ouvrage a été transcodé et mis en pages
chez Nord Compo (Villeneuve-d'Ascq)

N° d'édition : 7381-2313-X
Dépôt légal : février 2011

Imprimé en France